NCS
공기압제어

신흥열 저

B.C.Info

차 례

CONTENTS

CHAPTER 08 유량제어밸브와 압력제어밸브

CHAPTER 01

NCS 공기압제어 개요

1.1 NCS 소개

NCS란 국가직무능력표준으로서 National Competency Standards의 약자로서 산업현장에서 필요한 인력양성을 위해 직무 수행에 요구되는 지식, 기술, 소양 등의 내용을 국가가 산업부문별, 수준별로 체계화한 것이다. 산업현장에 필요한 인력 양성을 위해 직업교육, 훈련, 자격 등에서 활용하고 있으며, 능력중심 채용 등 인사관리에도 활용되고 있다.

1장에서 기술하는 내용은 국가직무능력표준 홈페이지(www.ncs.go.kr)의 내용을 참고하여 작성하였다.

공기압제어는 NCS 체계에서 다음과 같은 위치를 점하고 있다.

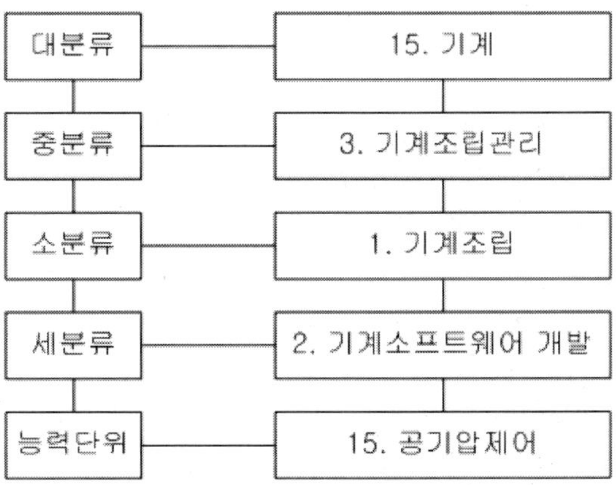

그림 1.1 NCS 체계에서 공기압제어의 위치

1.2 공기압 제어 능력단위

NCS 체계에서 공기압 제어 능력단위의 분류번호, 명칭 및 정의는 다음과 같다.

분류번호 : 1503010215_16v4
능력단위 명칭 : 공기압 제어

능력단위 정의

공기압 제어란 압축공기 에너지를 이용한 밸브 및 실린더 등의 요소를 활용하여 제어방법을 선택하고 공기압 제어회로를 구성하며, 시험 운전하는 능력이다.

공기압 제어 능력단위는 다음과 같은 능력단위요소와 수행준거를 포함한다.

능력단위요소	수 행 준 거
1503010215_16v4.1 공기압제어 방식설계하기	1.1 공기압요소의 종류에 따라 제어 및 구동에 필요한 사양을 선정할 수 있다. 1.2 시스템에서 요구되는 제어의 목적과 용도에 따라 제어 방법을 설계할 수 있다. 1.3 선정된 결과물을 정리하여 제공할 수 있다.
	【지 식】 • 기계 장치의 기초 • 공기압기기 작동법 • 공기압 기초 지식
	【기 술】 • 부하선정 능력 • 시퀀스 제어 기술 • 공기압 제어 및 센서활용 능력 • 공기압밸브 및 액추에이터 선정 능력

능력단위요소	수 행 준 거
	【태 도】 • 국제표준규격을 준수하는 태도 • 상시점검을 통한 공기압 기기를 관리하는 태도 • 위급사항을 예방하려는 태도
1503010215_16v4.2 공기압제어 회로구성하기	2.1 부품의 종류에 따른 배선방법 및 구성 기기간의 관계를 파악하고 회로도를 작성할 수 있다. 2.2 부품의 특성에 따른 설치방법을 파악하고 요구되는 조건 및 성능을 충족하여 작동할 수 있도록 설치할 수 있다. 2.3 회로도에 근거하여 전기 배선 및 배관을 할 수 있다.
	【지 식】 • 공기압 기기의 관리에 관한지식 • 공기압 기초 지식
	【기 술】 • 시퀀스 제어 기술 • 공기압 제어 및 센서활용 능력 • 공기압 회로 설계 기술 • 공기압 기기 선정 능력
	【태 도】 • 국제표준규격을 준수하는 태도 • 상시점검을 통한 공기압 기기를 관리하는 태도 • 위급사항을 예방하려는 태도
1503010215_16v4.3 시험 운전하기	3.1 회로도를 이용하여 동작을 시킬 수 있다. 3.2 공기압기기의 출력조정, 속도조정 등의 조작을 부하의 운동특성에 맞게 조정할 수 있다. 3.3 시운전을 통한 공기압기기의 이상 유무를 파악할 수 있다.

능력단위요소	수 행 준 거
	【지 식】 • 공기압 기기의 관리에 관한 지식 • 공기압 기초 지식
	【기 술】 • 시퀀스 제어 기술 • 공기압 제어 및 센서활용 능력 • 공기압 회로 설계 기술 • 공기압 기기 선정 능력
	【태 도】 • 국제표준규격을 준수하는 태도 • 상시점검을 통한 공기압 기기를 관리하는 태도 • 위급사항을 예방하려는 태도

공기압 제어 능력단위의 적용범위 및 작업상황은 다음과 같다.

고려사항

- 이 능력단위는 압력 매체의 선정 및 제어방법의 설계기능의 업무를 포함한다.
- 공기압 부품을 선정하기 위한 계산 방법은 해당 제품의 카탈로그 및 규격화 된 계산공식을 따른다.
- 제어목표는 제어기를 사용하여 시스템의 특성들을 만족시키는데 있다.
- 주변 시스템은 공기압 기기를 제어하는 센서 등과 같은 요소를 모두 포함한다.

자료 및 관련서류

- 전기 · 전자 도면
- 배선 · 배관 도면
- 기계 도면
- 공기압 제품의 사양 및 매뉴얼
- KS 및 ISO 관련 규정집
- 작업 표준서
- 유지보수 매뉴얼 및 점검 일지

장비 및 도구

- 공기압 제어시스템
- 공기압축기
- 컴퓨터
- 공기압 기기 선정 프로그램
- 만능회로 측정기

공기압 제어 능력단위의 평가지침은 다음과 같다.

평가방법

- 평가자는 능력단위 공기압 제어의 수행준거에 제시되어 있는 내용을 평가하기 위해 이론과 실기를 나누어 평가하거나 종합적인 결과물의 평가 등 다양한 평가 방법을 사용할 수 있다.

- 피 평가자의 과정평가 및 결과평가 방법은 다음과 같다.

평 가 방 법	평 가 유 형	
	과 정 평 가	결 과 평 가
A. 포트폴리오	✔	✔
B. 문제해결 시나리오		
C. 서술형시험	✔	✔
D. 논술형시험		
E. 사례연구		
F. 평가자 질문		✔
G. 평가자 체크리스트	✔	✔
H. 피평가자 체크리스트	✔	✔
I. 일지/저널		
J. 역할연기		
K. 구두발표		
L. 작업장평가	✔	✔
M. 기타		

평가 시 고려사항

- 평가자는 피 평가자가 수행준거 및 평가내용에 제시되어 있는 내용을 성공적으로 수행할 수 있는 지 평가해야 한다.
- 평가자는 다음 사항을 평가해야 한다.
  - 제어 목적에 따른 압력 매체의 선정
  - 사용 환경에 따른 압력 매체 및 제어 방법의 판단
  - 기기의 고장 상태나 이상 유무 판단
  - 검사 장비의 선정 및 사용 방법

공기압 제어 능력단위를 수행하기 위하여 필요한 직업기초능력은 다음과 같다.

순 번	직 업 기 초 능 력	
	주 요 영 역	하 위 영 역
1	의사소통능력	문서파악능력, 문서작성능력, 경청능력, 의사표현능력, 기초외국어능력
2	수리능력	기초연산능력, 기초통계능력, 도표분석능력, 도표작성능력
3	문제해결능력	사고력, 문제처리능력
4	정보능력	컴퓨터활용능력, 정보처리능력
5	기술능력	기술파악능력, 기술선택능력, 기술적용능력

1.3 공기압 제어를 포함하는 능력단위 구조도

공기압 제어 능력단위를 포함하고 있는 세분류 〈기계소프트웨어 개발〉은 다양한 능력단위를 포함하고 있다. 그리고 세분류 〈기계소프트웨어 개발〉은 소분류 〈기계조립〉에 속하게 되며 소분류 〈기계조립〉에는 여러 가지 다른 세분류 직무가 포함된다. 다음의 그림은 능력 단위 구조도로서 이와 같은 관계를 보여 주고 있다.

6	조립계획수립 조립작업관리	제어프로세스분석	컴포넌트분석	사양분석
5	작업공정설계	기계시스템분석 기계시스템 제어방식 결정	기능요구사항분석 고객기술지원	개념설계
4	조립현장교육	제어프로그램구조설계 PC제어프로그램개발 PLC제어특수모듈프로그램개발	펌웨어기본설계 펌웨어신뢰성평가	제어기구조설계 회로도작성 기계하드웨어유지관리
3	치공구조립 조립제품출고 전기전자장치조립 유압장치조립 기계부품조립 조립부품준비 기계구동장치조립	센서활용기술 모터제어 유압제어 PC제어프로그램테스트 HMI프로그램개발 기계시스템운용파라미터최적화	펌웨어구조설계 개발환경구축 펌웨어프로그래밍 펌웨어필드테스트	PCB설계 회로상세설계 기계하드웨어시험
2	조립도면해독 조립안전관리 조립도면작성 조립부품다듬질 공기압장치조립 전기전자장치조립준비	공기압제어 PLC제어기본모듈프로그램개발 PLC제어프로그램테스트	펌웨어동작 테스트	기계하드웨어제작
직능수준 / 직능유형	기계수동조립	기계소프트웨어개발	기계펌웨어개발	기계하드웨어개발

CHAPTER 02

공압의 특징과 적용

2.1 공압의 특징

공압은 상당한 시간 동안 단순한 기계적 업무를 수행하는데 사용되어 왔지만 최근에는 공압 기술의 발달로 자동화 분야에서 중요한 역할을 하고 있다. 비록 공기학의 원리가 오랜 인간의 지식에서 나온 것이지만 가동이나 원리에 대한 조직적인 연구가 시작된 것은 19세기부터이다. 20세기 중엽에 이르러 공압의 사용은 선진국을 중심으로 퍼져 나갔지만 전 세계적으로 산업에 소개된 것은 공정의 자동화와 합리화의 문제가 증가하기 시작하면서부터이다.

압축공기를 이용한 공압의 응용에서 다음 기능들 중의 하나 또는 여러 기능의 조합으로 나타난다.

- 감지를 담당하는 센서 기능
- 정보 처리를 담당하는 프로세서 기능
- 최종 제어요소로서 사용되어 액추에이터를 스위칭 시키는 기능
- 부하를 이동, 회전시키는 기능

1950년대 이전에는 저장된 에너지를 이용한 작동 매체로서 공압이 사용되어 왔으나 1950년대에 이르러서는 작업용 매체로서 뿐만 아니라 감지 작업과 신호 처리 작업을 수행할 수 있도록 개발되었다. 이러한 발달은 공압 요소가 기계 상태나 조건을 측정하기 위한 센서로서 사용되어 작업을 제어할 수 있다는 것을 뜻하게 되며, 센서, 프로세서, 액추에이터의 개발은 공압 시스템의 출현을 가능하게 하였다. 오늘날 근대화된 산업현장에서 압축공기가 없다는 것은 상상도 할 수 없는 일이며 대부분의 산업체에서 압축공기 장치가 설치되어 있

다. 산업체에서의 공압은 운동과 힘을 얻기 위한 기계적 요소로서 많이 사용된다.

공압이 기계, 유압, 전기, 전자와 같은 에너지 시스템에 비하여 우선적으로 선택될 수 있느냐 하는 것은 여러 가지 요인을 검토해 보아야 한다. 에너지를 선택하는데 있어서 고려해야 할 것은 가능한 많은 관련 상황을 전개하는 것인데 예를 들어 환경 조건, 자격, 개인의 지식 수준, 시스템의 크기, 에너지원 등이 그것이다. 이러한 것을 모두 고려할 때 가장 마음에 드는 해답을 얻을 수 있고 확실하고 분명한 답을 얻기 위해서는 각 에너지 시스템의 장점과 단점을 서로 비교 분석하는 것이 좋은 방법이다.

다음은 공압 에너지의 **장점**을 열거한 것이다.

① 동력원인 압축공기를 간단히 얻을 수 있다.

공기는 무료이고 무한히 많다. 이 공기는 전동기와 압축기만 있으면 전력이 계속적으로 공급되는 한 어느 장소에서 얼마든지 간단히 얻을 수 있는 에너지원이다.

② 힘의 전달이 간단하고 어떤 형태로든 전달 가능하다.

유체에 의한 힘의 전달로서 멀리 떨어진 위치라도 배관만으로 간단하게 전달할 수 있다. 또한 기계의 구동축처럼 방향을 맞출 필요가 없고 어느 방향이든 자유로이 전달 가능하다.

③ 힘의 증폭이 용이하다.

공압 실린더의 용량을 크게 함에 따라 같은 공압으로도 힘을 증대시킬 수 있다.

④ 속도 변경이 가능하다.

공기량의 증감에 따라 액추에이터의 속도를 무단으로 조절할 수 있다.

⑤ 제어가 간단하다.

압축공기는 압력 조정에 의해 무단 또는 단계적으로 출력을 조절할 수 있으며, 이와 같이 압력을 증감시키거나 방향의 전환, 유량 조절 등의 조작과 그 제어가 비교적 간단하다. 이 점이 공압 기술이 자동화에 이용되고 있는 큰 이유이다.

⑥ 취급이 간단하다.

압축공기는 사용한 공기를 대기로 방출하여도 오염될 염려가 없다. 또한 취급에 있어서도 손이나 의류가 오염되지 않고 냄새가 발생하는 일도 없다. 이 점이 유압 기술에 비해 특히 장점이다.

⑦ 인화의 위험이 없다.

일반적으로 사용하는 700kPa 이하의 압력 하에서는 인화나 폭발의 염려가 없다.

⑧ 탄력이 있다.

공기는 압축 가능한 물질이며 이것은 충격을 받을 때 완충 작용을 한다. 이 성질을 응용한 것이 차량 등에 이용되고 있는 공기 스프링이다.

⑨ 에너지 축적이 용이하다.

압축이 가능하다는 것은 반대로 축적할 수 있다는 것을 의미하며 공기 탱크를 이용하여 압축공기 에너지를 저장할 수 있다. 이를 이용하여 정전 시 비상운전이나 단 시간 내 고속 운전, 축압을 이용한 프레스의 다이 쿠션 등에 이용되고 있다.

⑩ 안전하다.

유압과 같이 서지 압력이 발생하지 않으므로 과부하에 대하여 안전하다.

반면에 공압 에너지는 다음과 같은 단점도 가지고 있다.

① 압축공기 에너지를 만드는 데에는 많은 준비가 필요하다.

압축공기를 만드는 데에는 많은 주의가 필요하며 먼지나 습기를 가능한 많이 제거해 주어야 한다. 이 때문에 많은 주변 장치가 필요하게 된다.

② 공압 에너지는 압축성이 있다.

압축성이 장점으로 작용할 때에는 공압 에너지의 저장이라는 긍정적 효과로 나타나지만 균일한 피스톤의 속도를 얻는 데에는 방해가 된다. 특히 저속에서 속도의 불안정을 유발한다.

③ 큰 힘을 얻을 수 없다.

압축 공기는 어떤 기준 이상의 힘이 요구될 때에는 비경제적이다. 보통의 작업 압력은 500~700 kPa 정도이고 힘은 이송 길이와 속도에 달려 있지만 일반적으로 20,000~30,000 N이 한계이다.

④ 배기 시 소음이 발생한다.

배기 시 소음이 크다. 이 문제는 현재 소음 흡수 재료의 개발로 크게 개선되었다.

⑤ 운전비용이 많이 든다.

압축공기는 힘을 전달하는 것으로는 비교적 비싼 편이다. 높은 에너지 비용은 현재 값싼 요소와 높은 성능으로 많이 상쇄되었다.

2.2 공압의 적용

공압 실린더는 선형 운동을 하는 요소로서 매우 중요한 역할을 한다. 공압 실린더는 상대적으로 가격이 싸고, 설치하기가 용이하며 간단하고 견고한 구조를 갖고 있다. 또한, 다양한 크기와 행정거리를 갖고 있기 때문에 이용가능성이 매우 높다.

공압 실린더의 적용에는 다소간의 차이가 있더라도 다음 범위 내에서 효과적으로 사용된다.

- 실린더 직경 : 6~320 mm
- 실린더 행정 : 1~2000 mm
- 실린더 추력 : 2~50,000 N
- 피스톤 속도 : 0.02~1m/s (0.05~0.5m/s 범위가 이상적)

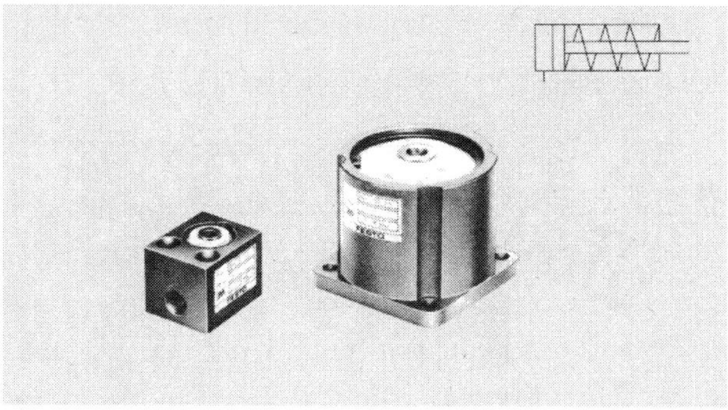

그림 2.1 공압 실린더

공압 요소는 다음과 같은 형태의 운동을 수행한다.

- 선형 운동(linear motion)
- 선회 운동(swivel motion)
- 회전 운동(rotary motion)

공압을 이용한 산업 분야의 응용에서 재료 취급의 형태는 다음과 같다.

- 고정 작업(clamping)
- 이동 작업(shifting)
- 위치 결정 작업(positioning)
- 정위 작업(orienting)

공압을 이용한 일반적인 응용 작업을 나열하면 다음과 같다.

- 포장작업
- 이송작업
- 계량작업
- 문의 제어와 활강 작업
- 재료의 이동 작업
- 부품의 회전이나 반전 작업
- 부품의 분류 작업
- 부품의 적재 작업
- 부품에 각인 작업과 엠보싱 작업

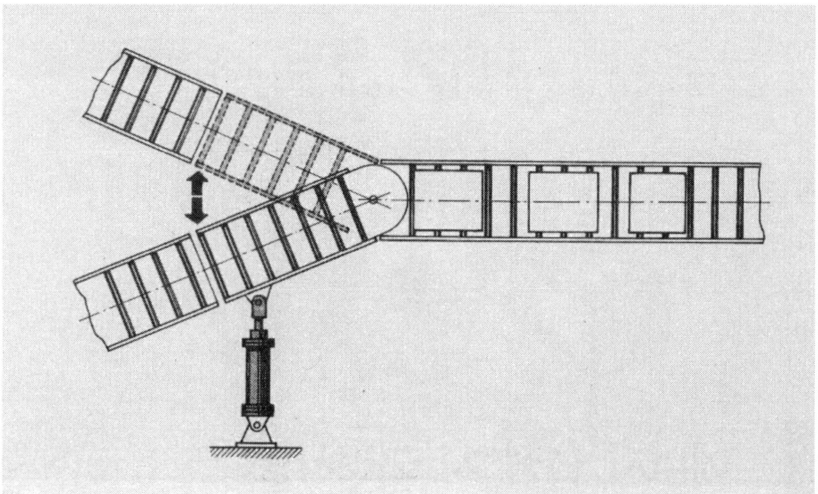

그림 2.2 두 트랙의 변환 작업

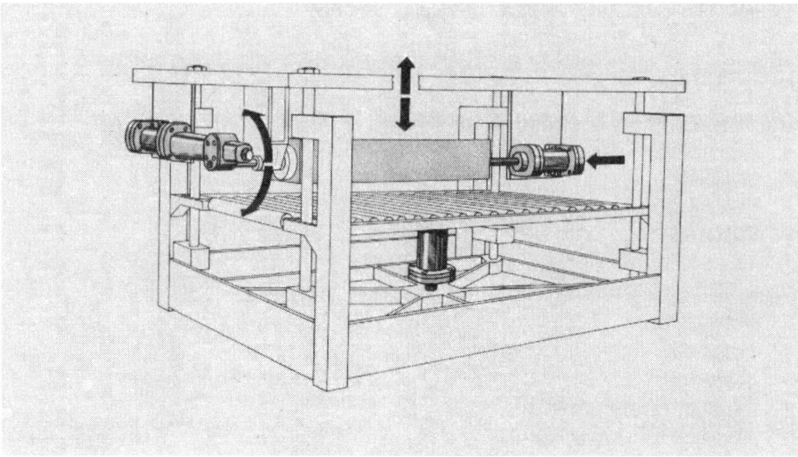

그림 2.3 공압 커터

공압을 이용한 가공작업의 예를 나열하면 다음과 같다.

- 드릴 작업
- 선반 작업
- 밀링 작업
- 톱질 작업
- 다듬질 작업
- 형상 작업
- 품질 관리 작업

2.3 에너지 선정 시 고려사항

어떤 형태의 에너지를 선정하는 가는 다음의 사항을 고려하여 결정한다.

작업 요소에 사용되는 에너지

- 전기 에너지
- 유압 에너지
- 공압 에너지
- 위에 언급된 에너지의 조합

작업 요소의 선정에 필요한 고려 사항

- 힘
- 행정거리
- 운동의 종류(선형/회전)
- 속도
- 크기
- 내구 수명
- 민감도
- 안전성 및 신뢰성
- 에너지 비용
- 제어성
- 취급성
- 저장성

제어 매체의 선정

- 기계적 제어
- 전기적 제어
- 전자적 제어
- 공압 제어(일반 압력 사용)
- 공압 제어(저압 사용)
- 유압 제어

제어 요소의 선정에 필요한 고려 사항

- 부품의 신뢰성
- 환경 영향에 대한 민감성
- 보수 유지와 수리에 대한 용이성
- 부품의 스위칭 시간
- 신호 속도
- 공간 점유 정도
- 내구 수명
- 작업자와 보수 유지 인원에 대한 훈련 요구 정도
- 제어 시스템의 변경 가능성

2.4 공압과 제어시스템 발달

공압 제품은 다음과 같은 여러 영역에서 상당히 발전되어 왔다.

- 작동 요소 부분
- 센서와 신호 입력 요소 부분
- 신호 처리 장치 부분
- 제어 시스템 부분
- 악세서리 부분

공압이 여러 산업 영역에서 중요한 발전을 이루게 된 이유는 다음과 같은 **장점**을 지니고 있기 때문이다.

- 수리나 보수 유지에 대한 접근성이 좋음
- 부품 대체 시 비용이 적음
- 설치와 배관 연결이 용이
- 보수 유지의 필요성이 상대적으로 적음
- 호환성과 유연성이 뛰어남
- 설계 구조가 단순함
- 합리적 가격
- 부품이나 제품이 이미 마련되어 있어 이용가능성이 좋음
- 문서화가 잘 되어 있어 지원 받기 좋음
- 부품이나 제품을 사용할 때 최소한의 훈련으로 이용할 수 있음

CHAPTER 03

공압의 물리량과 단위체계

3.1 SI 기본단위

공압이나 자연 법칙의 이해를 위해서는 그와 관련된 물리량이나 단위 체계에 대한 지식이 필요하다. 공학에서 물리량이란 물체의 특성, 즉 측정 가능한 상태나 과정을 말한다. 따라서 속도, 압력, 시간, 온도는 물리량이지만, 색은 물리량이 될 수 없다. 이러한 물리량을 표현하는 데에는 여러 가지 방법이 있지만 명확한 의사소통을 위하여 대부분의 과학자들은 동일한 단위 체계를 사용하게 되었으며 이를 SI 단위(International system of unit)라 한다.

SI 단위는 국제적으로 통용되는 물리량의 측정 단위로서 SI 단위계의 기본 단위에는 각각 길이, 질량, 시간, 온도, 전류, 광도, 물질의 양이 있다. 이를 표로 정리하면 다음과 같다.

표 3.1 SI 기본단위

측정량	단위	약어
길이	meter	m
질량	kilogram	kg
시간	second	s
전류	ampere	A
온도	degree Kelvin	K
광도	candela	cd
물질량	mole	mol

우리가 일상생활이나 산업현장에서 모든 단위를 기본 단위로 표현하게 되면 단위가 매우 복잡해진다. 따라서 기본 단위로부터 유도되는 단위를 새로운 이름으로 정의하여 사용하게 되는데 이를 유도단위라고 하며, 공압과 관련된 유도단위에는 힘, 면적, 체적, 유량, 압력 등이 있다. 이중에서 특히 힘과 압력이 많이 사용되며 힘의 단위로는 Newton(N)이 사용되고 압력의 단위로는 Pascal(Pa)이 사용된다.

3.2 힘의 단위

힘의 SI 유도단위는 뉴턴(N)이다. 1N은 1kg의 질량을 가진 물체에 $1m/s^2$의 가속도를 주기 위한 힘이다. 따라서 1N은 다음과 같이 정의된다.

$$1N = 1kg \cdot 1m/s^2$$

우리가 실생활에서 많이 사용하고 있는 kgf의 단위는 주로 공학 단위계에서 많이 사용하고 있는데, 뉴턴과는 다음과 같은 관계가 있다.

$$\begin{aligned} 1kgf &= 1kg \cdot 1G \quad (\text{ G : 중력가속도 }) \\ &= 1kg \cdot (9.81m/s^2) \\ &= 9.81\ kg \cdot m/s^2 \\ &= 9.81\ N \end{aligned}$$

따라서 kgf(킬로그램 중)를 N으로, N을 kgf로 변환시키는 데에는 다음과 같은 관계가 사용된다.

- 1N = 0.102 kgf
- 1kgf = 9.81N

3.3 압력의 단위

압력의 SI 유도단위는 파스칼(Pa)이다. 1Pa은 $1m^2$의 면적에 1N의 힘이 작용할 때의 압력이다. 따라서 1Pa은 다음과 같이 정의된다.

$$1Pa = 1N / 1m^2$$

우리가 실제로 많이 사용하고 있는 kgf/cm^2의 단위는 주로 공학 단위계에서 많이 사용하고 있는데, Pa과는 다음의 관계가 있다.

$$\begin{aligned} 1kgf/cm^2 &= 9.81N / (0.01m)^2 \\ &= 98100\ N/m^2 \\ &= 98100\ Pa \\ &= 98.1\ kPa \end{aligned}$$

또한 Pa단위는 무척 작은 압력의 단위이기 때문에 실제로 사용되는 압력을 표현하면 너무 큰 숫자로 표현된다. 그래서 좀 더 큰 단위인 bar가 사용된다.

$$\begin{aligned} 1bar &= 100,000\ Pa \\ &= 100\ kPa \end{aligned}$$

kgf/cm^2을 bar로 또는 bar를 kgf/cm^2로 변환시키는 데에는 다음과 같은 관계가 사용된다.

- $1kgf/cm^2 = 0.981bar$
- $1bar = 1.02\ kgf/cm^2$

실제로 $1kgf/cm^2$라는 압력과 1bar라는 압력은 서로 다르지만 실제 현장에서는 같은 단위로 취급해도 무방한데, 6bar의 압력은 정확하게 $6.11832\ kgf/cm^2$이지만 이를 $6kgf/cm^2$라고 간주해도 그 오차는 2%에 불과하기 때문이다. 따라서 실제 현장에서는 $1bar = 1kgf/cm^2$ 라고 생각해도 무방하다.

기타 압력에 사용되는 단위를 정리하면 표 3.2와 같다.

표 3.2 압력 단위의 환산표

Pa (파스칼)	bar (바)	kgf/cm^2	atm (표준대기압)	mmH_2O (수주)	mmHg (수은주)	Psi
1	1×10^{-5}	1.01972×10^{-5}	9.86923×10^{-5}	1.01972×10^{-1}	7.50062×10^{-3}	1.45038×10^{-4}
1×10^{5}	1	1.01972	9.86923	1.01972×10^{4}	7.50062×10^{2}	1.45038×10
9.80665×10^{4}	9.80665×10^{-1}	1	9.67841×10^{-1}	1×10^{4}	7.35559×10^{2}	1.42234×10
1.01325×10^{5}	1.01325	1.03323	1	1.03323×10^{4}	7.60×10^{2}	1.46960×10
9.80665	9.80665×10^{-5}	1×10^{-4}	9.67841×10^{-5}	1	7.35559×10^{-2}	1.42234×10^{-3}
1.33322×10^{2}	1.33322×10^{-3}	1.35951×10^{-3}	1.31579×10^{-3}	1.35951×10	1	1.93368×10^{-2}
6.89473×10^{3}	6.89473×10^{-2}	7.03065×10^{-2}	6.80457×10^{-2}	7.03065×10^{2}	5.17147×10	1

3.4 절대 압력과 게이지 압력

압력을 호칭하는 방법에는 **절대 압력**과 **게이지 압력**(상대 압력)이 있다. **게이지 압력**이란 압력 게이지 상에 표시되는 압력으로서 대기압과의 차이를 의미한다. **절대 압력**은 게이지 압력에 대기압을 더한 값으로 표현된다. 공압에서의 압력이란 항상 대기압과의 차이를 의미하기 때문에 상대 압력만을 나타내며, 압력계 또한 대기압과의 차이만을 표시하도록 되어 있다. 그림 3.1에 게이지 압력과 절대 압력과의 관계를 표현하였다.

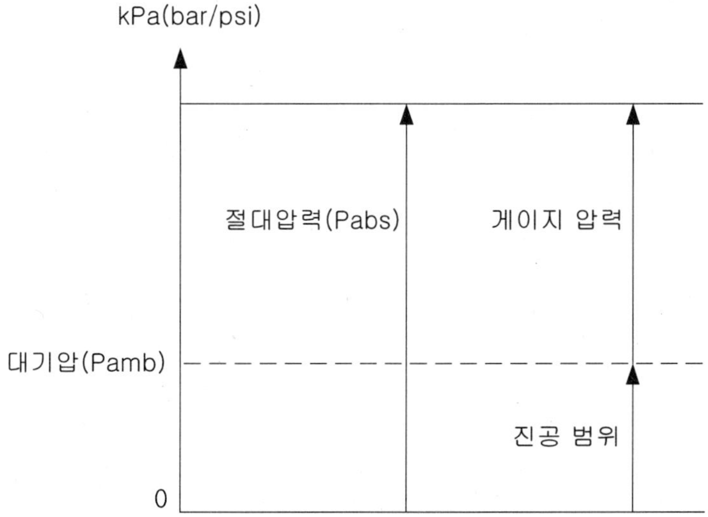

그림 3.1 게이지 압력과 절대 압력

CHAPTER 04

압축공기의 생산과 분배

공압 시스템이 제 기능을 충분히 발휘하기 위해서는 정해진 압력으로 깨끗하고 건조된 공기가 공급되어야 한다. 이러한 조건을 충족시키지 못하면 공압 시스템의 기능 악화가 가속화 된다. 제대로 준비되지 못한 압축공기는 실린더와 밸브 내에 있는 밀봉 요소와 습동부의 빠른 마모를 야기시키며 소음기를 오염시키게 된다. 따라서 양질의 압축공기를 생산, 저장, 건조, 분배하기 위해서는 다음과 같은 장치들이 필요하다.

- 압축기
- 저장 탱크
- 공기 필터
- 건조기
- 윤활기
- 압력 조절기
- 배수 장치
- 유문 분리기

4.1 압축기

압축공기를 생산하기 위해서는 공기를 압축하여 필요한 작업 압력까지 압축해 주는 압축기(compressor)가 필요하다. 압축기에는 여러 가지 종류가 있는데 가장 많이 사용하고 있는 압축기를 간략히 소개하면 다음과 같다.

첫째는 체적 변화의 원리에 의하여 운전되는 것인데 용기에 공기를 가득 채우고 이 용기의 체적을 감소시키는 것이다. 이러한 형식의 압축기를 **피스톤 압축기**라고 한다. 둘째는 공기의 유통 원리(air-flow principle)에 의하여 운전되는 것이다. 한쪽으로는 공기를 집어넣고 질량 가속도(mass acceleration)에 의하여 압축되는 것이다.

• 왕복 피스톤 압축기

피스톤 압축기는 오래 전부터 사용되어 왔기 때문에 구조가 친숙하고 보수 유지를 하는 데에도 큰 어려움이 없다. 피스톤 압축기는 작업상 별로 문제가 일어나지는 않지만 간헐적으로 사용할 때에는 상대적으로 고장율이 낮고, 계속적으로 사용할 때에는 고장율이 높다. 이 압축기는 낮은 압력에서 높은 압력까지를 생산하는데 사용될 수 있으며 사용할 수 있는 압력 범위는 대략 1bar에서 수십 bar까지이다.

공기를 고압으로 압축하기 위해서는 다단식 압축기가 필요하다. 흡입 공기는 첫 번째 피스톤에 의하여 압축되고 냉각된 후 다음 피스톤에 의하여 더욱 압축된다. 두 번째 압축기의 압축실은 압축비 때문에 작아지게 되며 압축되는 동안에 온도가 상승하므로 냉각 시스템으로 이를 냉각시켜 주어야 한다.

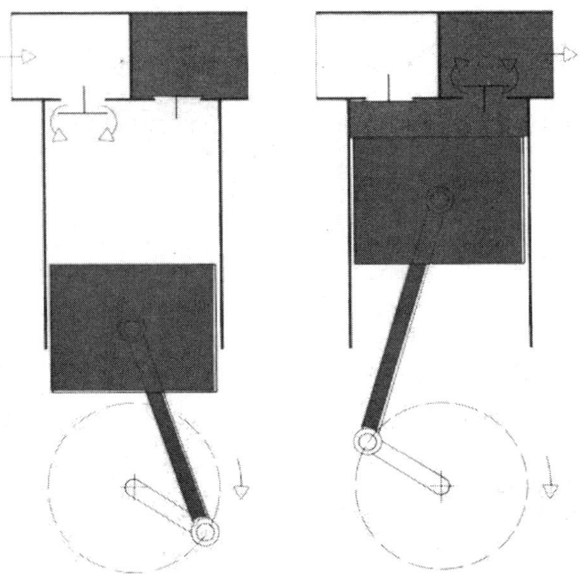

그림 4.1 왕복 피스톤 압축기

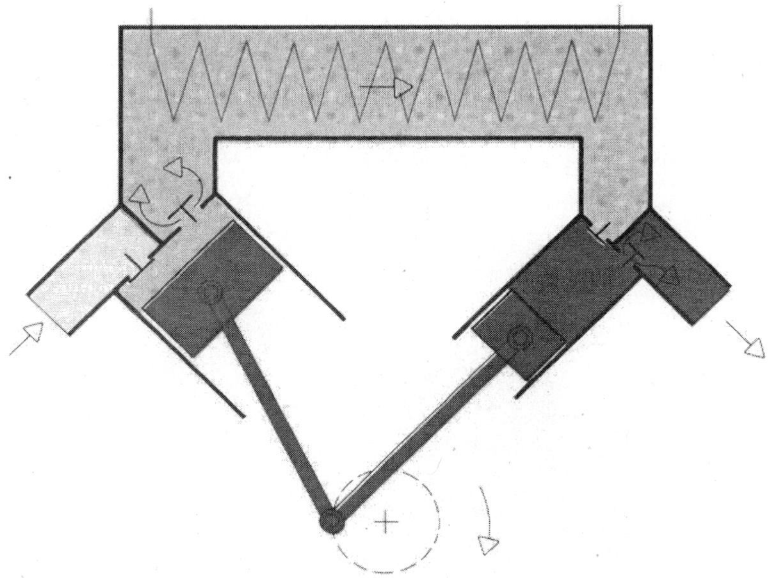

그림 4.2 냉각기가 내장된 2단 왕복 피스톤 압축기

왕복 피스톤 압축기는 공랭식과 수냉식이 있으며 왕복 피스톤 압축기의 최적 영역은 다음과 같다.

400 kPa(4bar / 58psi)까지 1단

1500 kPa(15bar / 217.5psi)까지 2단

1500 kPa(15bar / 217.5psi)이상 3단

• 2축 스크루 압축기

2축 스크루 압축기는 오목한 측면과 볼록한 측면을 가진 두 개의 로터가 한 쌍이 되어 축 방향으로 들어온 공기를 두 개의 로터가 맞물려 회전하면서 공기를 압축하는 형태이다. 스크루 압축기는 부하가 항상 일정한 연속적인 작업에 특히 적합하며 피스톤 압축기보다 정상 운전 상태에서 3~4 dB 정도 소음이 적다.

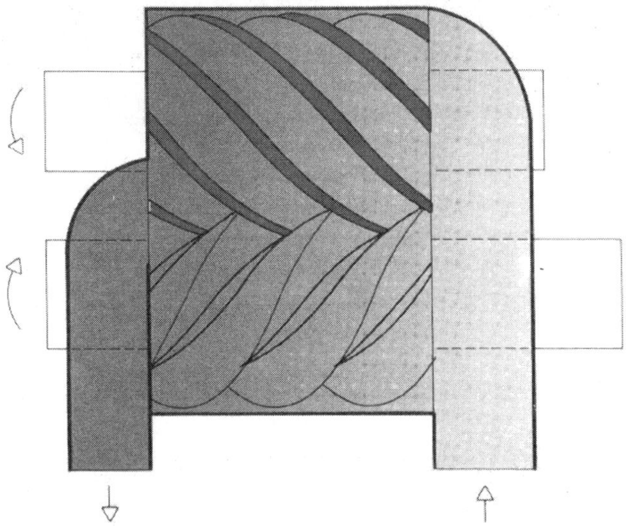

그림 4.3 2축 스크루 압축기

• 유동식 압축기

이 압축기는 공기의 유동 원리를 이용한 것이며 대용량에 적합하다. 유동식 압축기는 축방향(axial) 및 반경 방향(radial)형의 두 가지가 있다. 공기는 한 개 또는 여러 개의 터빈에 의하여 속도를 얻게 되며 이러한 운동 에너지를 압력 에너지로 바꾸어서 압축하는 형태이다. 그림 4.4는 축류 압축기이며, 여기에서 공기는 날개에 의해서 가속된다. 1개의 날개만으로는 높은 압력을 얻을 수 없으므로 여러 장의 날개를 직렬로 배치하여 다단 압축 형식을 취한다.

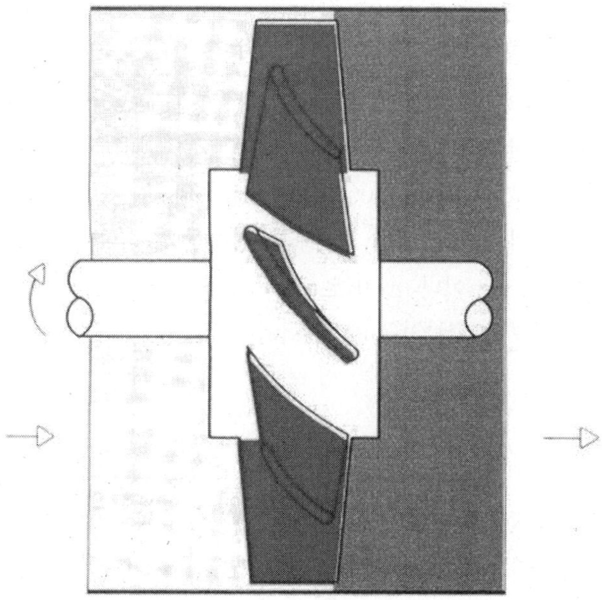

그림 4.4 축류 압축기

그림 4.5는 반경류 압축기이다. 여기서 공기는 날개에 의하여 반경 방향으로 가속되며, 이것이 다시 다음 공간의 축 쪽으로 흡입되어 가속되는 동작을 반복하여 공기를 압축시킨다.

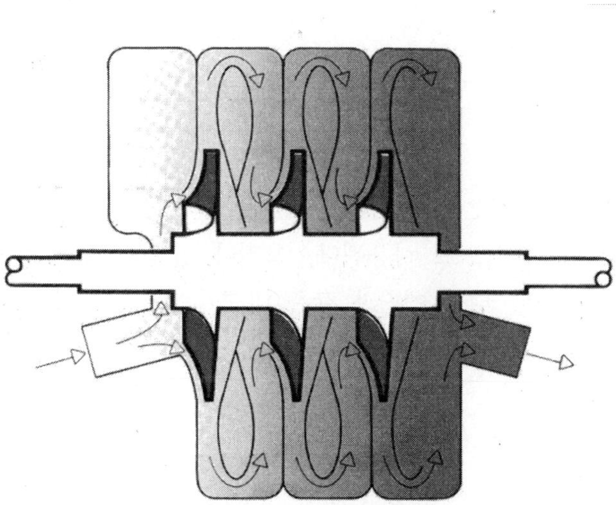

그림 4.5 반경류 압축기

- 압축기의 공급 체적

공급 체적은 압축기가 공급해 주는 공기의 양이며 이를 나타내는 데에는 두 가지가 있는데 이론 공급 체적과 유효 공급 체적이 그것이다. 이론 공급 체적이란 왕복 피스톤 압축기를 예로 들면 한 행정에 피스톤이 움직이는 체적과 회전수를 곱한 것이 된다. 즉, 이론적으로 계산된 공급 체적이다. 유효 공급 체적은 압축기의 형태와 압력, 주위 환경 등에 따라 다르게 되며 체적 계수(volumetric efficiency)에 영향을 받는다. 압축기에서는 유효 공급 체적만이 중요하게 되며 공압 기구의 제어나 운전에는 이 유효 공급 체적만이 유효하다. 공급 체적은 m^3/min이나 m^3/h로 표시되며 많은 압축기 제조 회사는 이론 공급 체적만을 표시하므로 압축기를 선정할 때 주의하여야 한다.

- 작업 압력과 작동 압력

압력에는 작업 압력(working pressure)과 작동 압력(operating pressure)이 있다. 작업 압력은 압축기의 출구 측 압력 또는 탱크나 파이프 라인의 압력을 의미한다. 작동 압력은 직접 공압 요소를 작동시키는 곳에서 요구되는 압력으로 대부분이 5~7bar이다. 그러므로 각 요소의 작업 데이터는 작동 압력에 의하여 주어진다.

공압 시스템의 확실하고 정확한 동작을 위해서는 압력을 일정하게 유지시켜 주는 것이 필요하다. 다음 사항들이 압력 유지에 관계가 있다.

- 속도
- 힘
- 작업요소의 작동 순서

- 압축기의 구동

작업 조건에 따라서 압축기는 전동기나 내연기관을 구동장치로 사용한다. 생산 현장에서는 대부분 전동기가 일반적으로 사용된다. 그러나 압축기 플랜트가 고정이 되지 않은 이동식의 경우에는 휘발유나 디젤 엔진과 같은 내연기관에 의하여 압축기가 구동된다.

4.2 압축기의 조절과 설치

변동하는 수요에 공급량을 맞추기 위해서는 압축기의 조절이 필요하다. 조절 방법에는 여러 가지가 있으며 공급 체적은 조절 가능한 최대 압력과 최저 압력 사이에서 조절된다. 조절 방식 중 ON-OFF 조절 방식에 대해서 소개하면 다음과 같다.

ON-OFF 조절 방식에서는 압축기가 작동과 정지의 두 가지 조건만을 갖는다. 압축기의 구동 모터는 저장된 공압의 압력이 최대 압력이 되면 정지하게 되고 최소 압력이 되면 다시 작동하게 된다. 스위칭 횟수를 줄이기 위하여 비교적 대용량의 저장 탱크가 필요하게 된다. ON-OFF 조절 방식은 구동 모터의 마력이 적은 경우에 많이 사용된다.

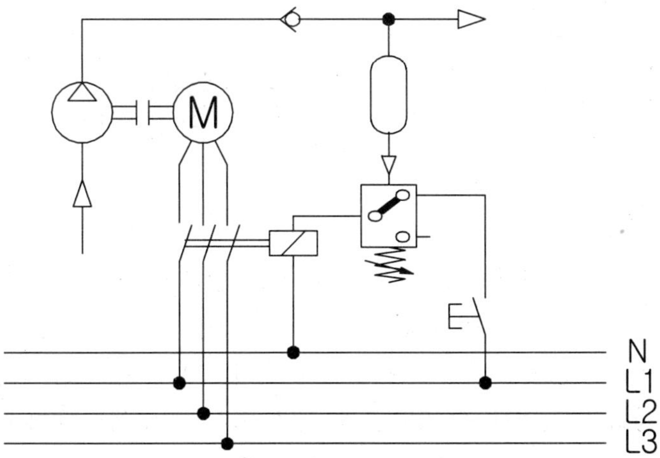

그림 4.6 ON-OFF 조절

• 압축기의 냉각과 설치 장소

공기를 압축할 때에는 열이 발생하므로 이를 제거해 주어야 한다. 압축기에서의 최적의 냉각 방식은 발생되는 열량에 따라서 좌우된다. 작은 규모의 압축기에서는 냉각 핀(cooling fin)을 통한 방열로 해결할 수 있으나 용량이 큰 압축기에서는 열을 제거하기 위하여 냉각 팬(cooling fan)을 장치할 필요가 있다. 일반적으로 30kW 이상의 구동력을 갖는 압축기에서는 공냉식으로는 충분하지 못하므로 수냉식을 채택하여야 한다.

압축기는 외부로 소음이 새어 나가지 않도록 방음 장치가 된 압축기만을 위하여 마련된 방에 설치하여야 한다. 그리고 그 방은 환기 장치가 있어야 하고, 가급적 공기는 차고 먼지가 없어야 한다.

4.3 저장 탱크

저장 탱크는 압축공기의 공급을 안정되게 하고 공기가 소비될 때에는 발생되는 압력 변화를 평탄하게 한다. 이와 같은 기능은 전 공압 배관의 안정성을 증가시키고 압축기로부터 전달되는 맥동 현상을 감소시키며 저장 탱크의 큰 표면적이 압축기로부터 공급된 뜨거운 공기를 냉각시키기 때문에 공기에 포함된 수증기가 저장 탱크 내에서 물로 응축되도록 한다. 따라서 주기적으로 저장 탱크 내에 모여 있는 응축수를 제거시켜 주어야 한다. 또한 저장 탱크는 갑작스러운 정전에 대비하게 하여 주고 압축기 동작의 스위칭 횟수를 감소시켜 압축기가 쉴 여유를 준다.

저장 탱크의 크기는 다음의 사항들을 고려하여 결정하여야 한다.

- 압축기의 공급 체적
- 압축기의 압력 조절 방식
- 공기 소비량
- 공기 분배망
- 허용 가능한 압력 강하

저장 탱크는 압축기가 off되어 있는 공전 시간에도 충분한 압력과 유량을 배관을 통해서 공급해 줄 수 있는 크기가 되어야 한다. 저장 탱크의 크기는 크면 클수록 좋으나 경제적인 면을 고려하여 적절한 크기가 선정되어야 한다. 저장 탱크 크기의 하한치는 압축기의 공급 체적을 참고로 결정할 수 있다. 즉 압축기의 공급 체적이 $20m^3/min$라면 저장 탱크의 크기는 최소 $20m^3$ 이상으로 하면 큰 무리가 없게 된다.

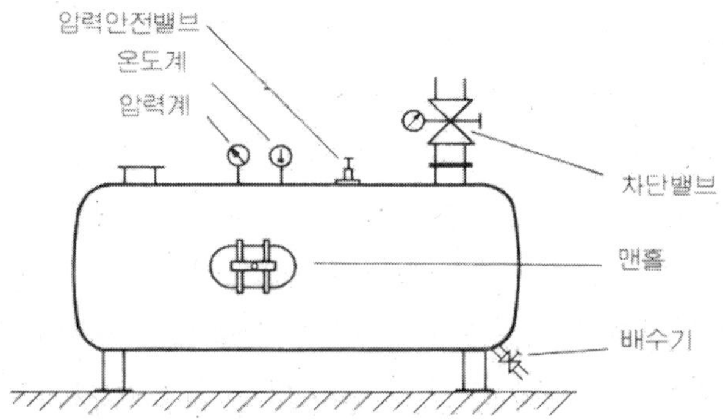

그림 4.7 저장 탱크

4.4 건조기

압축공기 내의 수분은 공압 시스템에 많은 악영향을 끼친다. 수분이 공압 시스템에 들어갔을 때 야기되는 문제들을 요약하면 다음과 같다.

- 파이프, 실린더, 일반 공압 요소들이 부식되고 이는 마모를 증가시키며 보수유지 비용을 상승시킨다.
- 실린더 내에서 윤활막의 형성을 방해한다.
- 밸브에서의 스위칭 기능이 손상되어 작업 중 오동작을 일으킬 수 있다.
- 도장 공장, 식품 공장 등에서 민감한 물질과 접촉되어 압축공기가 사용될 때 오염 및 손상이 우려된다.

따라서 모든 경우에 수분은 반드시 제거, 즉 건조되어야 하는데 압축공기 건조에는 여러 가지 방법이 사용된다.

- 압축공기와 수분

압축공기 중의 수분은 흡입 공기와 더불어 시스템 내로 들어오게 되는데 수분의 양은 습도에 비례하고 그 날의 공기의 온도와 날씨 상태에 따라 다르다. 절대 습도는 $1m^3$의 공기 내에 포함된 현존하는 물의 양이다. 포화량은 그 온도에서 $1m^3$의 공기가 포함할 수 있는 물의 양으로 이 때의 상대 습도는 최대량, 즉 100%이다(이슬점 온도). 따라서 상대 습도는 다음의 식에 의하여 구할 수 있다.

$$\text{상대습도} = \frac{\text{절대습도}}{\text{포화량}} \cdot 100\%$$

온도에 따른 공기의 포화량은 그림 4.1의 도표와 같다.

표 4.1 각 온도에서의 포화 수증기량(상대습도 100%)　(단위: g/m^3)

		1℃ 단위에 있어서의 온도									
		0	1	2	3	4	5	6	7	8	9
10℃ 단위에 있어서의 온도	90	418	433	449	465	481	498	515	532	551	569
	80	291	302	313	325	337	350	363	376	390	404
	70	197	205	213	222	231	240	250	259	270	280
	60	130	135	141	147	154	160	167	174	182	189
	50	82.8	86.7	90.8	95.0	99.5	104	109	114	119	124
	40	51.1	53.7	56.4	59.3	62.2	65.3	68.5	71.9	75.4	79.0
	30	30.3	32.0	33.7	35.6	37.6	39.6	41.7	43.9	46.2	48.6
	20	17.2	18.3	19.4	20.6	21.8	23.0	24.4	25.8	27.2	28.7
	10	9.39	10.0	10.7	11.3	12.1	12.8	13.6	14.5	15.4	16.3
	0	4.85	5.19	5.56	5.94	6.36	6.79	7.26	7.75	8.27	8.82
	-0	4.84	4.48	4.13	3.82	3.52	3.24	2.99	2.75	2.53	2.33
	-10	2.14	1.96	1.80	1.65	1.51	1.39	1.27	1.16	1.06	0.967
	-20	0.882	0.804	0.732	0.667	0.607	0.551	0.501	0.454	0.412	0.373
	-30	0.338	0.305	0.276	0.249	0.225	0.203	0.183	0.164	0.148	0.133

• 후부 냉각기(after cooler)

공기에 포함된 수분을 감소시키는 첫 번째 가능한 방법이 후부 냉각기이다. 이것은 냉각수나 찬 공기를 이용하여 공기를 냉각시키는 방법이다. 압축기에 의하여 가열된 공기는 물이나 공기를 이용한 냉각 핀에 의해서 식혀진다. 공기의 온도가 이슬점 온도 이하로 내려가면 수분이 응축된다. 열교환 장치를 통한 애프터 쿨링은 상온의 물을 통과시키면 이슬점 온도가 10℃~15℃ 정도가 되고 냉각수를 통과시키면 10℃ 정도가 얻어진다. 후부 냉각기는 압축기 다음에 설치되는데 그림 4.8에서 후부 냉각기의 구조를 보여주고 있다.

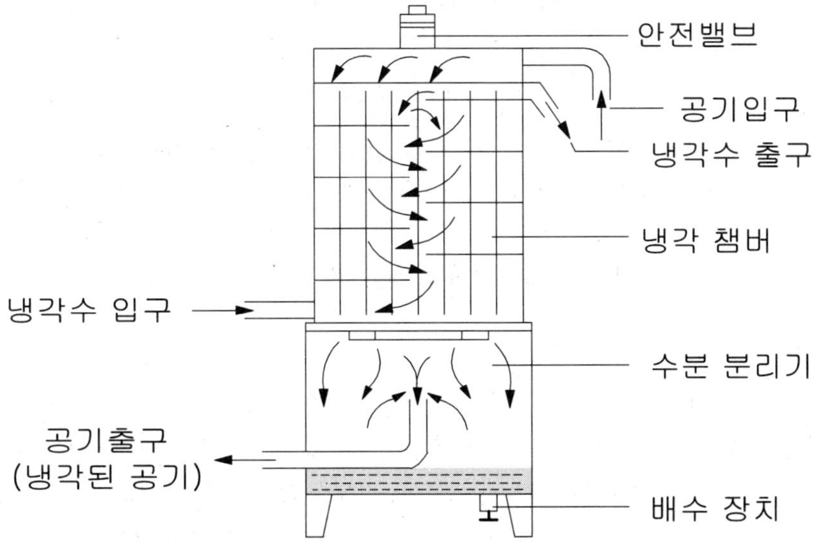

그림 4.8 후부 냉각기

• 흡수식 건조

흡수식 건조(absorption drying)는 화학적인 방법이다. 이 방법에서는 압축 공기가 건조제를 통과하며 이 과정에서 물이나 증기가 건조제에 닿으면 화합물이 형성되어 건조제와 물의 혼합물로 용해되며 따라서 공기는 건조된다. 이 혼합 물질은 주기적으로 제거되어야 하며 수동이나 자동으로 제거될 수 있다. 이때 새로운 건조제가 다시 채워져야 한다. 흡수식 건조기에서는 물과 함께 증기 상태의 기름 입자들도 분리된다. 기름의 양이 많아지면 건조기의 효율이 떨어지므로 우수한 필터를 설치하는 것이 좋다. 이 건조기의 특징은 장비의 설치가 간단하고 건조기에 움직이는 부분이 없으므로 기계적 마모가 적으며 외부 에너지 공급이 필요 없다.

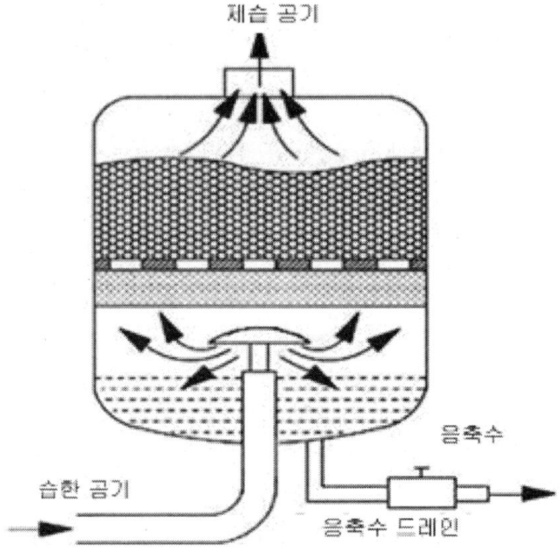

그림 4.9 흡수식 건조의 원리

• 흡착식 건조

흡착식 건조(absorption dryng) 과정은 물리적 과정이다. 흡착이라 함은 물질이 고체 표면에 붙어 버리는 상태를 말한다. 건조제는 끝이 뾰족하거나 구슬 모양의 과립 물질이다. 이 건조제는 대부분 실리콘 디옥사이드(SiO_2)로 되어 있다. 이것을 보통 겔(gel)이라 칭하는데 이 겔은 물이나 증기를 흡착한다. 습기있는 압축공기가 이 건조제를 지나가면 건조제가 압축공기 중의 습기와 결합하여 혼합물을 형성하고 따라서 공기는 습기를 잃게 된다. 그러나 이러한 건조제의 건조 능력은 한계가 있어 포화상태에 다다르면 기능을 잃지만 단순한 방법에 의하여 재생될 수 있다. 즉 더운 공기가 포화상태의 건조제를 통과하면 더운 공기는 건조제 속의 습기를 흡수, 이송해 버려 건조제는 다시 제 본래의 성질을 되찾는다. 재생에 필요한 열에너지는 히터나 더운 압축공기로부터 얻을 수 있다. 두 개의 흡착기를 평행으로 연결하면 한 흡착기는 건조 과정에 연결해 사용되고 동시에 다른 흡착기는 더운 공기를 보내어 겔을 재생시키게 된다. 이 방법은 -90℃ 까지 효과를 볼 수 있다. 일반적으로 겔의 사용은 제한이 없지만 2~3년 마다 한 번씩 교환해 주도록 한다.

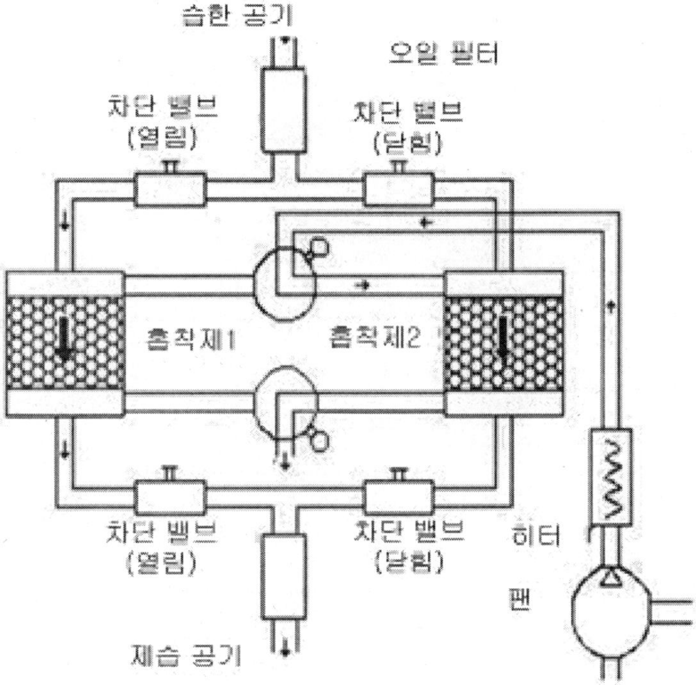

그림 4.10 흡착식 건조의 원리

• 저온 건조

저온 건조(low temperature drying)는 이슬점 온도를 낮추는 원리를 이용한 것이다. 이슬점 온도는 공기 또는 가스에 포함된 수증기가 응축되기 시작하는 온도이다. 건조될 압축공기가 건조기로 들어가는데 먼저 공기/공기 열 교환기로 들어간다. 더운 공기는 열 교환기에서 공급되는 차고 건조한 공기에 의해서 냉각된다. 이때 열 교환기 내에서 응축되는 물은 그곳에서 제거된다. 일단 냉각된 이 압축공기는 다시 냉각기에 들어가 약 -1.7℃까지 냉각된다. 이 과정에서 물과 기름은 두 번째로 응축되어 공기로부터 제거되고 이렇게 냉각 건조된 압축공기는 또한 남아 있는 먼지를 제거하기 위하여 필터를 통과함으로서 건조되고 깨끗한 공기를 얻게 된다. 냉각된 공기의 온도는 2℃~5℃ 정도가 되고 출구 측의 온도가 겨울에는 10℃ 내외, 여름에는 30℃ 정도가 된다. 저온 건조 방식에 의한 수분 제거는 오늘 날 가장 보편적으로 사용된다. 이 장치는 경제적으로 운용되며 신뢰성이 좋고 보수유지 비용도 적게 든다.

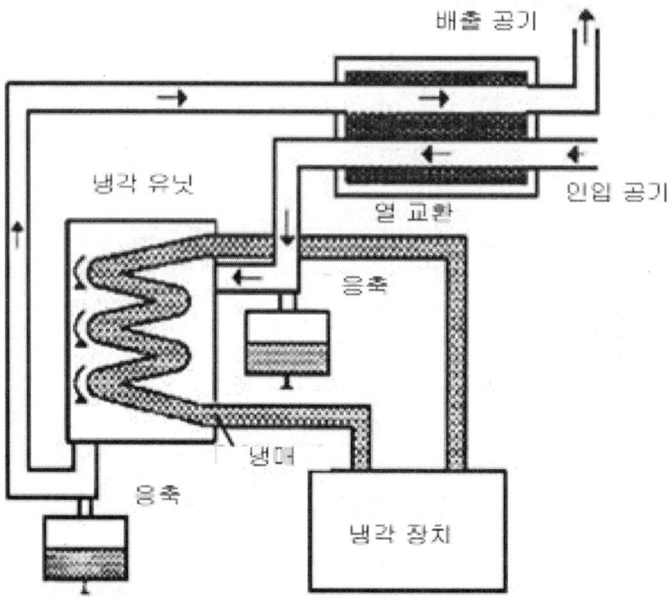

그림 4.11 저온 건조의 원리

• 윤활유의 제거

압축기에 사용되는 윤활유는 압축기의 피스톤과 실린더의 마찰과 분자 운동론에 기초한 열 때문에 탄화된다. 이 탄화 물질이 실린더나 밸브에 유입되면 마모를 일으켜 내구수명을 상당히 감소시킬 수 있다. 더구나 윤활유는 파이프의 내벽에 침착되어 파이프를 오염시키고 파이프를 분해하지 않으면 더 이상 제거할 방법이 없게 된다. 더 큰 문제는 gumming 현상이다. 이는 윤활 된 부품들이 일정 시간(주말이나 공휴일) 정지 후에 윤활유 및 기타 이물질이 고착되어 제 기능을 발휘하지 못하는 것이다. 따라서 압축기에 의해서 유입되는 윤활유는 반드시 제거되어야 한다. 또는, 압축공기가 윤활유로부터 자유로운 상태로 생성되어야 한다. 두 경우 모두 비싼 비용이 드는데, 윤활유를 모두 제거해야 하는 경우 특히 비용이 많이 든다. 따라서 가장 경제적인 해답을 찾아야 할 것이다. 사용자에게 있어서는 ISO가 제안한 윤활유에 대한 압축공기 등급을 참고하도록 한다.

4.5 배관

제작 설비의 합리화와 자동화의 증가에 따라 생산 현장의 압축공기 사용량은 증가되고 있다. 각각의 기계와 설비들은 일정량의 공기를 필요로 하며 이는 압축기로부터 배관 시스템을 통하여 공급되고 있다. 배관의 직경은 저장 탱크와 사용 기계 사이의 압력 강하가 0.1bar를 넘지 않는 범위 내에서 채택되어야 한다. 높은 압력 강하는 경제성이 없고 작업 능률을 현저히 떨어뜨린다. 새로운 설비를 계획할 때에는 압축기 플랜트를 차후에 확장할 것을 고려하여 여유를 주어야 한다. 즉, 공기 수요의 증대에 대비하여 배관의 크기를 넉넉히 잡을 필요가 있다. 크기 차이가 많은 배관을 다시 설치하는 것은 비용이 매우 많이 들기 때문이다.

배관의 크기를 정확히 구하는 것은 물론 배관의 설치도 매우 중요하다. 배관 라인은 규칙적인 보수 유지와 점검이 필요하며 가능한 한 벽 속이나 좁은 공간 속에는 설치하지 않는 것이 좋다. 왜냐하면 배관에서의 공기 유출을 검사하기가 힘들기 때문이다. 공기의 누설이 작아도 큰 압력 손실을 가져오게 된다.

환상의 배관(ring circuit)은 주선(main line)에 주로 설치한다. 지선(branch line)은 주선으로부터 설치되며 이 방식은 공기의 소요량이 많은 경우에도 균일한 공급을 할 수 있다. 즉 압축공기는 두 방향으로 흐를 수 있다. 지선은 유동 방향으로 1~2%의 경사가 주어지도록 설계하여야 한다. 배관을 수평으로 설치할 경우에는 응축에 의하여 생긴 물이 공기 속으로 스며들지 못하도록 배관의 상부에서 공기를 뽑아서 사용하여야 한다. 그리고 응축된 물을 뽑아주기 위한 트랩(water trap)을 배관의 밑 부분에 설치하여야 한다.

4.6 서비스 유닛

압축공기에는 많은 이물질이 포함되어 있는데 이러한 이물질들이 공압 시스템에 들어가면 문제를 일으킬 수 있다. 일차적으로 건조기에서 수분 및 기타의 이물질들이 제거되고 나머지 잔유 물질들은 필터에서 제거되어야 한다. 필터는 개별적으로 사용되지만 압력 조절기, 윤활기와 조합을 이루어 많이 사용되는데 이때의 조합을 서비스 유닛(service unit) 또는 공기 조정 유닛이라고 한다.

- 필터(filter)

압축공기 필터는 압축공기가 필터를 통과할 때에 이미 응축된 물과 모든 오물을 제거하는 역할을 한다. 압축공기는 나선형의 안내 통로를 통하여 필터통으로 들어가며 이때 압축공기는 소용돌이치게 된다. 그러면 비중이 큰 액상 물질과 큰 이물질은 원심 분리되며 이들은 필터통의 밑에 모이게 된다. 이렇게 모인 응축물은 적당한 시기에 제거해 주어야 한다. 그렇지 않으면 다시 공기 중에 흡수된다. 압축공기는 필터(보통 40㎛의 메쉬 사용)를 통과하면서 더욱 깨끗해진다. 오래 사용하면 고체 물질이 필터를 막히게 하므로 주기적으로 청소를 하거나 바꾸어 주어야 한다. 밑에 쌓인 응축물을 제거하는 방법에는 수동식과 자동식이 있다.

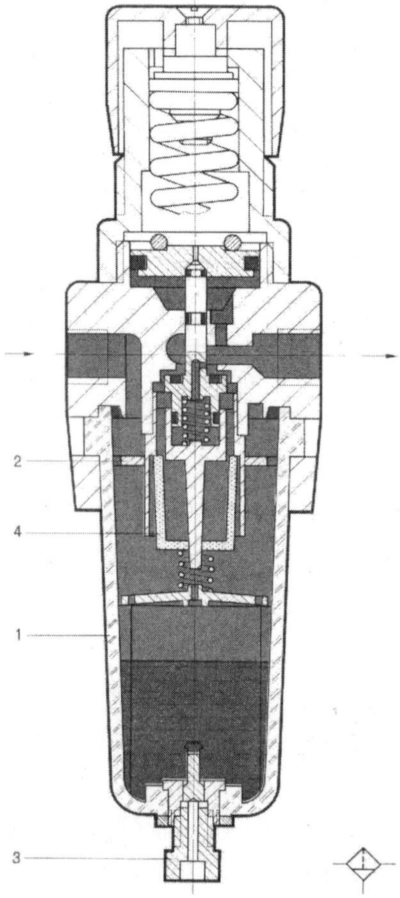

그림 4.12 필터

• 자동 배수 장치

필터에 쌓인 응축물은 때때로 제거시켜 주어야 한다. 그렇지 않으면 응축수가 공압 시스템 쪽으로 들어가게 된다. 응축물을 수동으로 제거하기 위해서는 필터 하부에 설치되어 있는 배수 나사를 열어 주면 된다. 그러나 응축물을 자동으로 제거하기 위해서는 자동 배수 장치를 필터의 하단부에 설치하면 된다. 응축수는 자동 배수 장치 내로 들어가게 되며 수위가 높아지게 되면 부구가 위로 올라가게 된다. 부구가 일정한 높이 이상으로 올라오게 되면 노즐이 열리게 되어 압축공기가 라인을 따라서 밸브의 격판을 밀게 된다. 밸브가 열리게 되면 응축수는 배수 통로를 통하여 배수되며 부구는 다시 밑으로 내려오게 되어 노즐이 닫히게 된다. 누름 핀을 수동으로 작동시키면 수동으로도 배수가 가능하다.

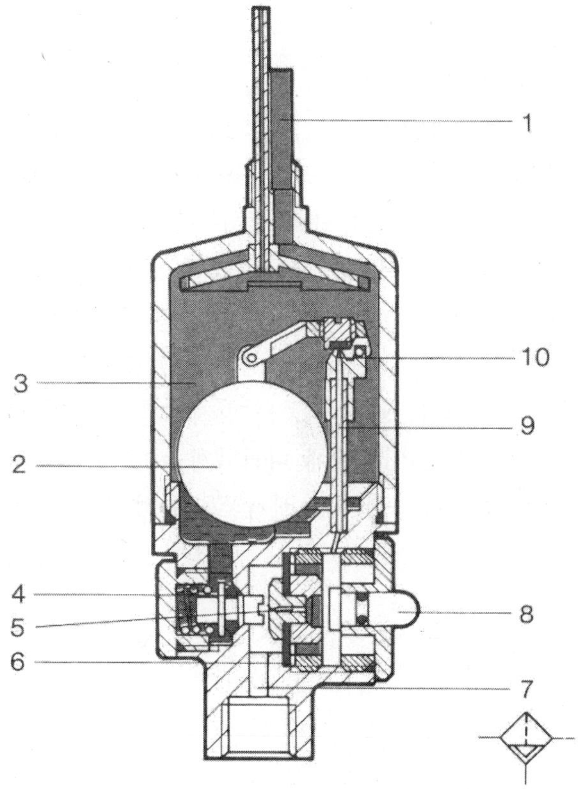

그림 4.13 자동 배수 장치

• 압력 조절기(pressure regulator)

압축기로부터 생성된 압축공기는 대부분의 경우 어느 정도 맥동을 갖고 있다. 압력 조절기는 이러한 일차 측 압력을 이차 측 압력으로 바꾸어 공압 시스템에 공급한다. 배관 시스템에서의 압력의 변화는 밸브의 스위칭 특성과 실린더의 동작 시간, 유량제어와 메모리 밸브의 시간 특성에 영향을 미친다. 따라서 일정한 압력의 공급은 공압 제어 시 고장을 배제하기 위한 필수적 요소이다. 일정한 압력을 공압 시스템에 공급하기 위해서는 공압 필터 다음에 압력 조절기를 달아서 압력의 맥동을 잡아 줄 필요가 있다. 압력 조절기는 대부분 공기 필터 다음에 부착되므로 고장은 크게 염려할 것이 없지만 연속 작업 시 이차 측 압력을 나타내는 압력 게이지의 눈금이 압력 게이지의 최대치보다 2/3 이하에 있도록 해야 한다. 또 윤활유가 함유된 압축공기는 실링과 격판을 부풀어 오르게 할 수 있으므로 주의해야 한다.

• 배기공이 있는 압력 조절기

압력 조절기의 목적은 공급 압력(일차 압력)이나 공기 소비의 과다에 관계없이 작동 압력(이차 압력)을 일정하게 유지시키는 것이다. 이때 압력은 출력 압력보다 항상 커야 한다. 공기의 압력은 격판에 의해서 조절된다. 출구 측의 압력이 격판에 작용하고 다른 쪽에는 스프링이 작용한다. 스프링 힘은 조절나사로 조절될 수 있다. 출구 측 압력이 높아지면 격판이 스프링을 눌러 밸브 시트의 바깥 단면적을 감소시키거나 완전히 닫아 버린다. 따라서 유동 체적에 의하여 압력이 조절된다. 공기량이 줄어들면 이차 압력이 떨어지고 스프링 힘에 의하여 밸브가 열리게 된다. 진동을 방지하기 위하여 밸브 디스크 위에 스프링이 장치되어 있으며 이차 압력은 압력계에 나타나게 된다. 이차 측의 압력이 현저히 증가되면 격판의 중간 부분이 열려 압축공기는 배기공을 통하여 공기 중으로 방출된다.

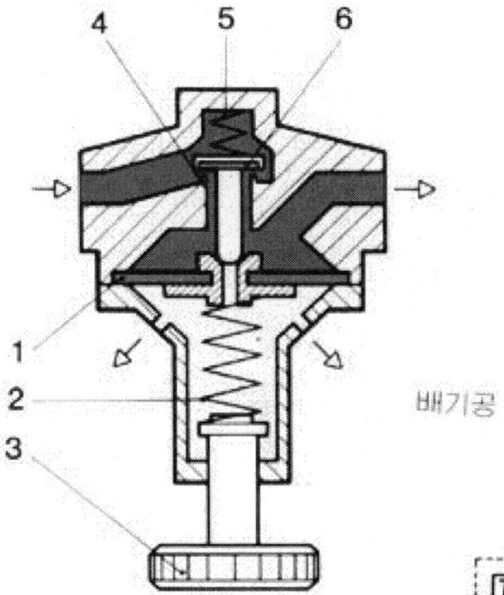

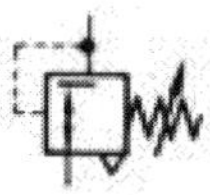

그림 4.14 배기공이 있는 압력 조절기

• 배기공이 없는 압력 조절기

가장 많이 사용되는 형태이며 압축공기는 밖으로 배기되는 것이 불가능하다. 조절나사에 의하여 스프링은 응력을 받게 되고 격판도 응력을 받게 된다. 스프링을 조절함에 따라 일차 측에서 이차 측으로의 흐름이 커지거나 작아지게 된다. 동시에 플런저도 격판과 함께 움직이게 된다. 만약 공기가 이차 측에서 빠지지 않으면 압력이 올라가서 격판을 압축 스프링 쪽으로 밀게 된다. 그러면 스프링이 플런저를 아래쪽으로 움직이게 하고 공기의 흐름이 끊어지게 된다. 압축공기는 공기가 이차 측에서 빠질 때에만 계속해서 흐른다.

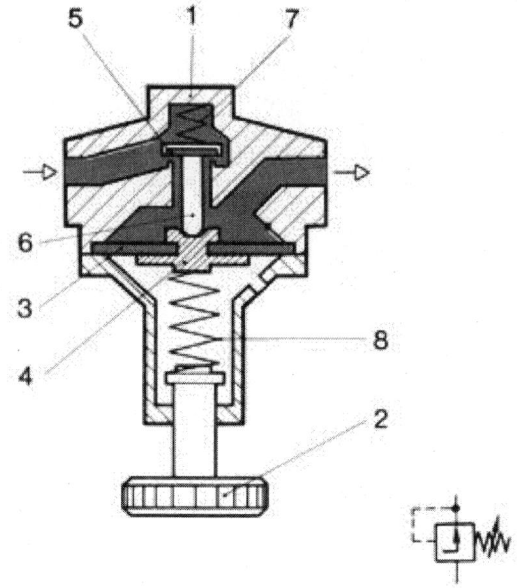

그림 4.15 배기공이 없는 압력 조절기

• 압력 게이지

대체로 압력 조절기에는 압력 게이지가 부착되어 있어 압력 조절기를 거친 이차 측 압력의 크기를 나타내고 있다. 공압이 압력 게이지의 입구로 들어가면 버돈 관(Bourdon tube)이 팽창하고, 압력이 높아질수록 굽힘 반경은 커진다. 이러한 움직임이 링크, 기어, 피니온을 거쳐 포인터를 이송시켜 스케일을 가리키도록 한다.

그림 4.16 압력 게이지

• 윤활기(lubricator)

윤활기의 목적은 공압 기기에 충분한 윤활제를 공급하는 것이다. 이 윤활제는 움직이는 부분의 마모를 적게 하고 마찰력을 감소시키며 장치의 부식을 방지한다. 모든 압축공기 윤활기는 벤추리(venturi)원리를 이용한다. 압축공기는 입구 측에서 들어와 출구 측으로 나가게 되는데 이 도중에 통로의 교축 부분이 있다. 공기가 교축 부분을 통과할 때에는 통과 속도가 증가되므로 이 부분에 압력 강하가 발생하게 된다. 이 압력 강하는 통로와 유적실에 진공 상태를 형성하며 따라서 통로를 통해서 용기 내의 윤활유를 흡입시키게 된다. 이렇게 해서 올라온 윤활유는 유적실과 통로를 통하여 분무된 형상으로 압축공기 속으로 빨려 들어가 출구로 나가게 되어 압축공기 사용 요소에까지 이르게 된다.

윤활 유량의 조절은 우선 압축공기 유량에 따라 압력 강하가 변화되어 일차로 자동 조절되며 또한 기름방울의 양을 수동으로 조절할 수 있게 되어 있다.

최근에는 윤활기의 사용에 대하여 비판적인 견해들이 증가하고 있는데, 과거의 경험에서 얻어진 지식과 현장에서 발생되는 문제점을 정리하면 다음과 같다.

- 과도하게 윤활이 된 부품들이 오동작할 경우가 있다.
- 윤활 공기가 작업실의 공기를 오염시킨다.
- 윤활기를 적절하게 조절하는데 있어서 경험상 어려움이 있다.

이러한 문제점들이 있음에도 불구하고 윤활기에 의한 압축공기 윤활은 다음과 같은 경우에 필요하다.

- 공압 실린더가 극히 빠른 왕복 운동을 할 경우
- 직경이 125mm 이상인 실린더를 사용하는 경우

가능한 한 윤활기는 실린더에 가까운 위치에 설치하도록 한다. 윤활기의 크기의 올바른 선택은 실린더에서의 공기 소모량에 의하여 결정된다. 또한 윤활유를 흡입해 올릴 수 있는 최소 유량 이상이 되어야 한다. 즉, 윤활기가 너무 크면 어떤 상황에서는 비효과적일 수 있고, 너무 작은 윤활기를 사용하면 윤활기로부터 윤활유가 너무 빨리 소진될 수 있다.

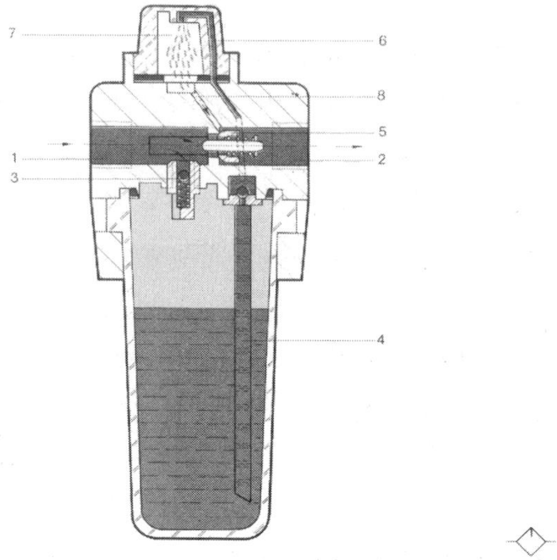

그림 4.17 윤활기

• 서비스 유닛(service unit)

필터는 개별적으로도 사용되지만 압력 조절기, 윤활기와 조합을 이루어 많이 사용되는데 이때의 조합을 서비스 유닛(service unit) 또는 공기 조정 유닛이라고 한다.

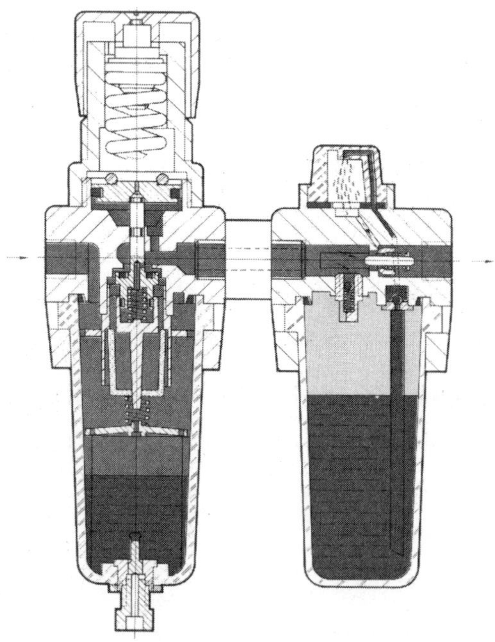

그림 4.18 서비스 유닛

CHAPTER 05

공압 액추에이터

공압 실린더는 공압 부품 중에서 가장 많이 알려져 있고 널리 사용되고 있다. 간단한 구조와 튼튼한 몸체 때문에 매우 넓은 영역에서 응용되어 사용되고 있다. 공압 실린더의 적용에는 다소간의 차이가 있더라도 다음 범위 내에서 효과적으로 사용된다.

- 실린더 직경 : 6～320mm
- 실린더 행정 : 1～2,000mm
- 실린더 추력 : 2～50,000N
- 피스톤 속도 : 20～1000mm/s (50～500mm/s 범위가 이상적)

공압 실린더가 사용되는 가장 중요한 응용 분야는 다음과 같다.

- 클램핑 작업 : 간결한 구조와 짧은 클램핑 행정 덕분으로 특히 제한된 영역, 빠른 사이클 타임이 요구되는 곳, 높은 구속력이 필요한 경우에 적합하다.
- 이송 작업 : 선형 운동을 쉽게 시킬 수 있어 이송 작업에 대단히 편리하다.
- 가공 작업 : 유압 실린더와 결합되어 가동 작업에 사용될 수 있는데, 압축공기를 사용하게 되므로 비용이 적게 든다.

5.1 단동 실린더

단동 실린더에서 압축공기는 한쪽에서만 공급된다. 이런 종류의 실린더는 한쪽 방향의 일만을 할 수 있다. 피스톤의 복귀 운동은 내장된 스프링이나 내부에 저장된 힘으로서 이루어진다. 내장된 스프링의 힘은 피스톤이 충분한 속도로 원위치 될 수 있도록 설계되어 있다.

■ 일반 단동 실린더

스프링이 내장된 일반 단동 실린더는 스프링 때문에 행정거리가 제한받게 된다. 보통 단동 실린더의 최대 행정거리는 100mm 정도이다. 이러한 단동 실린더는 주로 클램핑(clamping), 이젝팅(ejecting), 프레싱(pressing), 리프팅(lifting), 이송(feeding) 등에 사용된다.

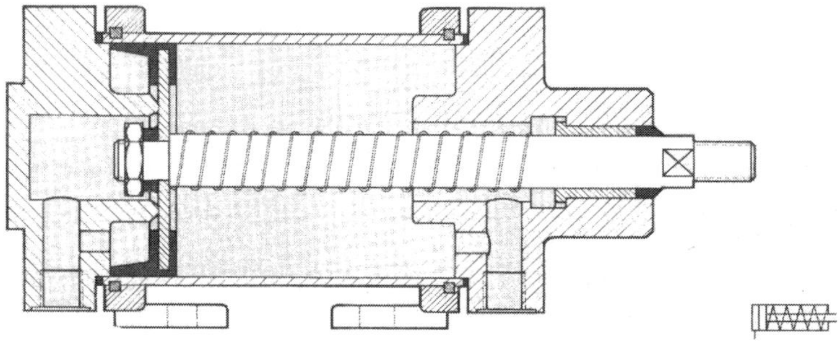

그림 5.1 단동 실린더

■ 격판 실린더

격판 실린더(diaphragm cylinder)는 고무나 플라스틱 혹은 금속으로 만들어져 있는 격판이 내장되어 있어서 피스톤의 기능을 대신하며 피스톤 로드가 격판의 중앙에 부착되어 있다. 이 실린더에는 미끄럼 밀봉이 필요 없고 단지 재료가 늘어남에 따라 생기는 마찰이 있을 뿐이다. 이 실린더는 치공구의 제작과 프레스에서의 엠보싱(embossing), 리벳팅, 클램핑에 이용된다.

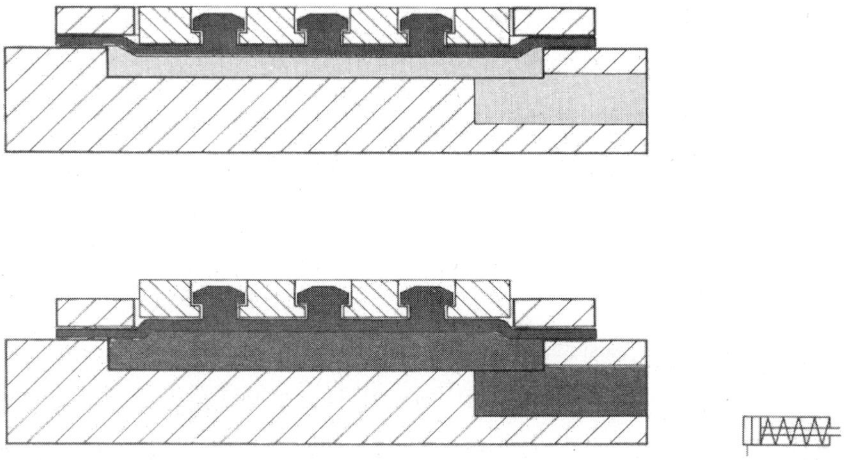

그림 5.2 격판 실린더

■ 단 행정 실린더

단 행정 실린더(short stroke cylinder)는 짧은 행정거리를 갖는 클램핑 전용 실린더이다. 행정거리는 25mm 이내이며 최대 출력은 200N 정도이다.

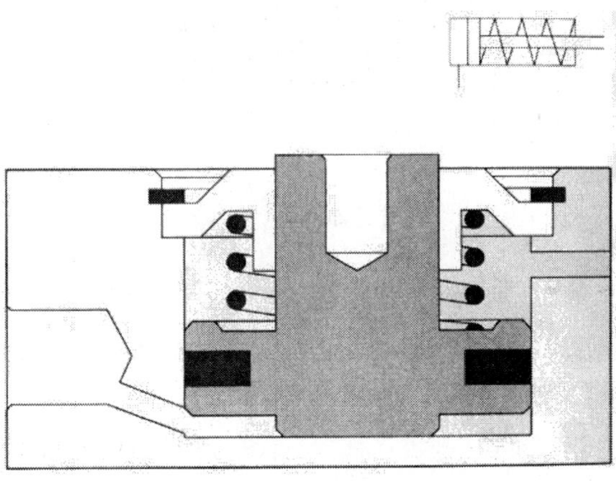

그림 5.3 단 행정 실린더

5.2 복동 실린더

복동 실린더는 압축공기의 힘으로 전진운동과 후진운동을 하게 된다. 따라서 실린더 전후진 측 모두에 배관이 연결되어야 하며 단동 실린더와는 달리 전 · 후진 운동을 모두 작업에 이용할 수 있게 된다.

■ 일반 복동 실린더

일반 복동 실린더는 전진운동, 후진운동, 또는 전진운동뿐만 아니라 후진운동에서도 일을 해야 할 경우에 사용된다. 실린더의 행정거리는 원칙적으로 제한받지 않으나 피스톤 로드의 구부러짐(buckling)과 휨(bending)을 고려해서 대략 2m 정도로 행정거리를 제한한다. 또한 행정거리가 직경에 비해서 10배 이상인 경우에는 가이드를 설치하여 좌굴(buckling)이나 휨(bending)을 방지하는 것이 좋다.

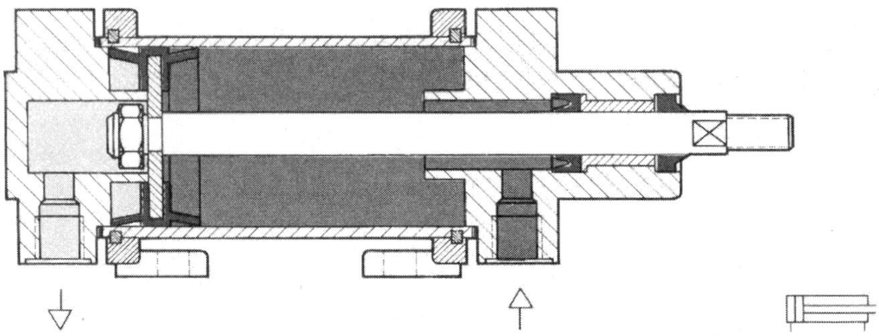

그림 5.4 복동 실린더

■ 쿠션붙이 실린더(cylinder with end position cushioning)

부하와 실린더의 속도에 따라 다르겠지만 운동 에너지는 실린더 행정의 끝에 가서는 흡수되어야 한다. 그렇지 않으면 충격으로 인하여 피스톤과 베어링 캡 사이에 마모가 일어나고 큰 소음이 나게 된다. 실린더의 속도가 느리고 부하가 작은 경우에는 특수한 장치 없이 운동 에너지의 흡수가 가능하지만 큰 부하와 가속이 붙은 경우에는 마땅히 이를 흡수하여 줄 보조 장치가 필요하다. 실린더로 무거운 물체를 움직일 경우에는 관성으로 인한 충격으로 실린더가 손상을 입는 것을 방지하기 위하여 피스톤의 끝에 쿠션을 사용한다. 끝 부분에 닿기 전에 쿠션 피스톤이 공기의 배출 통로를 차단하여 공기는 작은 통로를 통하여 빠져나가게 되어 압력이 형성되므로 실린더의 속도가 감소하게 된다. 이 작은 통로는 체크 밸브가 있는 유량 제어 밸브와 같은 기능을 나타내어 쿠션을 조절할 수도 있으며 피스톤이 역전할 경우에는 체크 밸브를 통하여 공기가 마찰 없이 흘러 들어갈 수 있다.

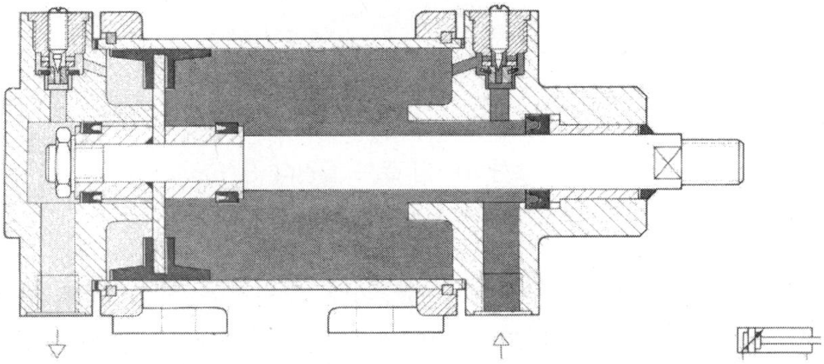

그림 5.5 쿠션붙이 실린더

많은 실린더들이 실린더 내부 행정의 끝 부분에 쿠션 장치가 내장되어 있어서 사용자가 쿠션의 양을 조절할 수 있도록 되어 있다. 조절 가능한 쿠션이 있는 실린더는 쿠션을 잘 조절해서 행정의 끝 부분에서 충분한 쿠션의 효과가 나타나는지 점검해 본다. 쿠션의 양을 조절하는데 있어서도 손상을 입지 않도록 하기 위하여 맨 처음에는 쿠션의 조절 나사를 완전히 풀어놓은 상태에서 조금씩 조여 가며 최적의 세팅을 하도록 한다. 쿠션의 양을 너무 많게 하면 행정의 끝 부분에 도달되는 시간이 길어지기 때문에 작업의 사이클 타임이 늦어지므로 주의하여야 한다.

쿠션 내장형 실린더를 사용할 때 주의할 점은 전 · 후진 운동 완료 위치 부근에서 피스톤 속도가 작아지게 되므로 빠른 속도 에너지를 이용하는 리베팅, 펀칭 등의 작업에는 부적합하다는 것이다.

■ 양 로드 실린더

양 로드 실린더는 피스톤 로드가 양쪽에 있는 것으로 피스톤 로드를 잡아 주는 베어링이 양쪽에 설치되어 있어 반경 방향의 힘도 어느 정도 받아 줄 수 있으며 왕복 운동이 원활하다. 또한 리밋 스위치 등의 감지용 장치를 작업하지 않는 쪽에 설치할 수도 있다. 피스톤의 압력 작용면의 크기가 전 · 후진 측 모두 동일하므로 전진운동과 후진운동 때에 낼 수 있는 힘이 같다는 이점도 있다.

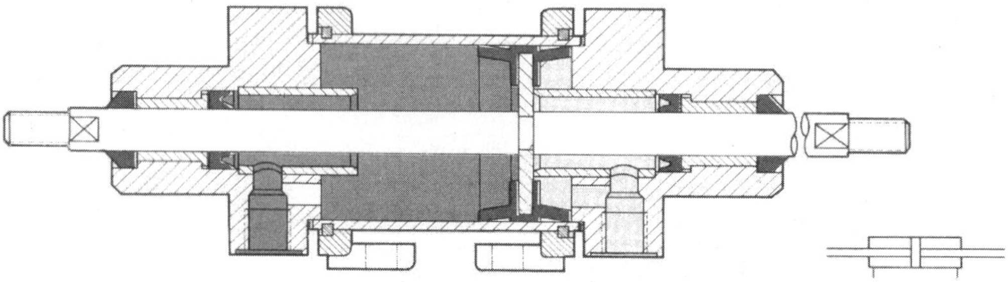

그림 5.6 양 로드 실린더

양 로드 실린더의 응용 예는 작업 환경 상 리밋 스위치를 설치할 수 없는 경우, 작업 테이블의 이송 등에 사용되거나 링크 시스템과 결합하여 왕복 운동을 상하 운동으로 변경하는 경우 등이다.

■ 탠덤형 실린더(tandem cylinder)

이 실린더는 두 개의 복동 실린더가 한 개의 실린더 형태로 조립되어 있는 것이다. 두 개의 피스톤에 압축공기가 공급되기 때문에 피스톤 로드가 낼 수 있는 힘은 같은 직경의 실린더에 비해 거의 두 배가 된다. 일반적으로 더 큰 힘을 얻고 싶을 때, 생산 현장의 공기 압력이 일정하다면 피스톤 직경을 키워야 하는데, 피스톤 직경이 커지다 보면 다른 설치물과의 간섭이 발생하므로 이러한 곳에는 탠덤형 실린더를 사용할 수 있다.

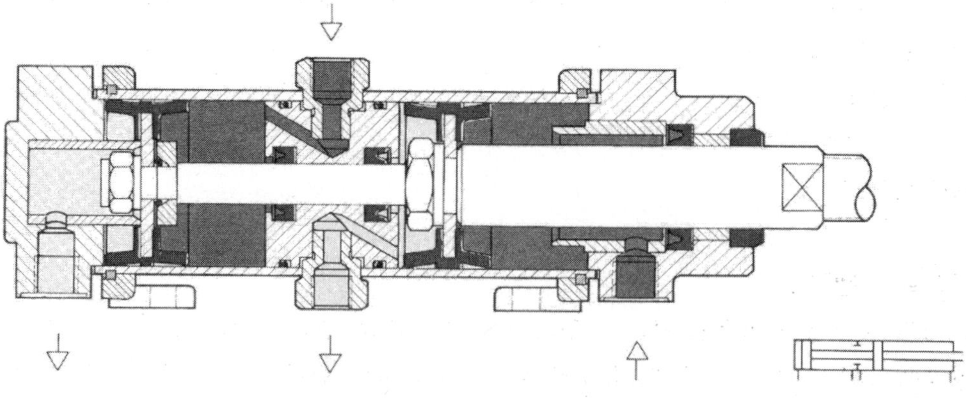

그림 5.7 탠덤형 실린더

■ 다위치형 실린더(multi-position cylinder)

다위치형 실린더는 두 개 또는 여러 개의 복동 실린더로 구성된다. 이 실린더는 그림 5.8에서와 같이 복동 실린더를 맞대어 결합하고 한쪽 끝을 고정시킨 상태에서 별도의 공기 공급 장치에 의하여 각각의 실린더를 동작시킨다. 서로 행정거리가 다른 두 개의 복동 실린더를 결합시키면 네 개의 위치를 제어할 수 있다.

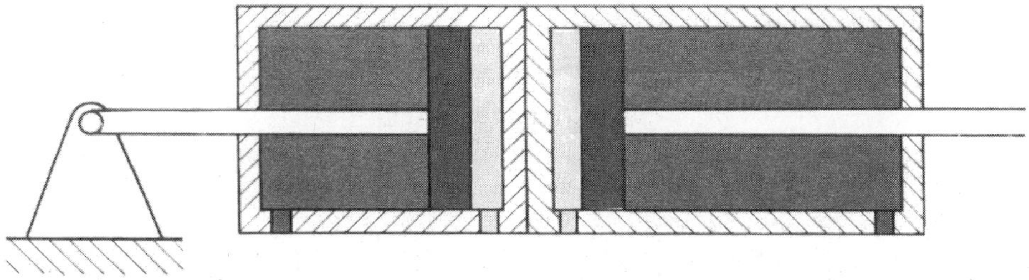

그림 5.8 다위치형 실린더

■ 로드리스 실린더(rodless cylinder)

로드리스 실린더는 실린더 배럴 내에 자석이 설치되어 있고 실린더 외부에도 환형의 자석이 설치되어 자력 커플링으로 결속된 환형의 몸체가 실린더 배럴을 따라 이송할 수 있는 실린더이다. 이 실린더를 사용하면 보통의 실린더를 사용하는 것보다 공간상 설치 장소를 대폭 감소시킬 수 있으며 행정거리도 크게 늘릴 수 있어 4.5m 이상도 가능하다. 로드리스 실린더의 또 한 가지 장점은 중간 위치에서 쉽게 정지시킬 수 있다는 것이다. 보통의 복동 실린더를 중간 위치에 정지시키기 위해서는 특수한 밸브가 사용되어야 하지만, 로드리스 실린더는 실린더 튜브 안의 캐리지 양쪽 면이 같으므로 양쪽에 같은 압력을 가해 줌으로서 쉽게 원하는 위치에 정밀하게 정지시킬 수 있다. 또한 로드리스 실린더의 자석 커플링은 전기장의 영향을 전혀 받지 않는다.

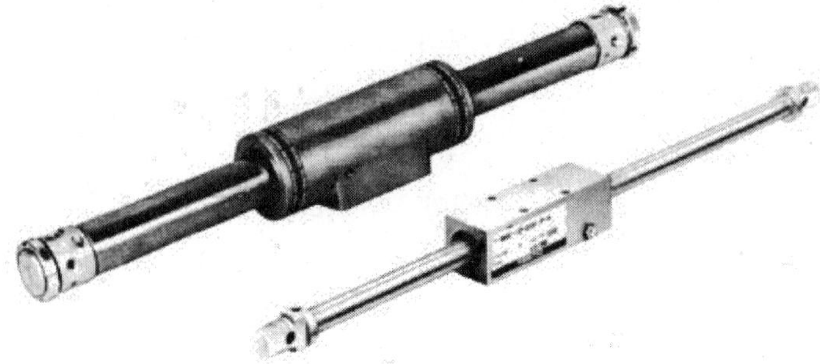

그림 5.9 로드리스 실린더

■ 기타 실린더

위에 언급된 실린더 이외에도 여러 가지 사용 목적에 따라 다양한 종류의 실린더들이 개발되어 사용되고 있다. **충격 실린더**(impact cylinder)는 큰 운동 에너지를 얻기 위하여 개발된 실린더로서, 속도를 7.5~10m/s 까지 얻을 수 있으며 이러한 속도를 얻기 위하여 특별한 구조로 되어 있다. 이 실린더는 프레싱, 리벳팅, 펀칭 작업 등에 사용된다. **텔레스코프형 실린더**(telescopic cylinder)는 긴 행정거리를 얻을 수 있도록 다단 튜브형 로드를 갖는 실린더이다. 단동 및 복동 실린더가 있으며, 긴 행정거리를 갖는 장점이 있는 대신에 전진 끝단에서 출력이 적어지는 단점이 있다.

5.3 실린더의 구조

실린더는 실린더 배럴(barrel), 베이스(base), 베어링 캡(bearing cap), 피스톤 로드, 밀봉 요소(packing), 베어링 부시(bearing bush), 스크랩 링(scrap ring)으로 구성되어 있다. 실린더 배럴(1)은 무계목 강관(seamless drawn steel tube)으로 만들어지며 밀봉 부분의 수명을 증가시키기 위하여 실린더 배럴의 내경 표면은 정밀 가공된다. 특별한 경우에는 알루미늄이나 구리 또는 강관에 크롬 도금한 것도 사용된다. 이러한 특별한 설계는 가끔 동작하는 실린더나 특별한 내부식성이 요구될 때에 사용한다.

베이스 캡(2)과 베어링 캡(3)은 알루미늄이나 가단주철의 주물로 만들어지며 타이 로드(tie rod)나 나사 또는 플랜지에 의하여 실린더 배럴에 부착시키게 된다. 피스톤 로드(4)는 열처리 가능한 강으로 만들어지며 일정량의 크롬을 함유한 강을 사용하여 녹을 방지하게 된다. 피스톤 로드는 1㎛ 정도의 표면조도를 갖도록 정밀 가공되며 파괴 강도를 높이기 위하여 나사는 롤링 소성가공에 의하여 가공된다.

밀봉 링(5)은 피스톤 로드의 밀봉을 위하여 베어링 캡에 부착되어 있고 베어링 부시(6)는 피스톤 로드를 안내하는 역할을 하며 분말 야금한 황동이나 금속에 플라스틱으로 코팅한 것이 사용된다. 이 베어링 부시의 앞부분에는 스크랩 링이 있어서 먼지나 이물질이 실린더 내로 유입되는 것을 방지해 준다.

양컵 패킹(double-cup packing)(8)이나 O링(9)은 정적인 밀봉에 사용한다. 라운드 코드 링은 미리 장력을 주어야 하기 때문에 동적 운전을 할 경우에는 큰 마찰 손실을 유발한다.

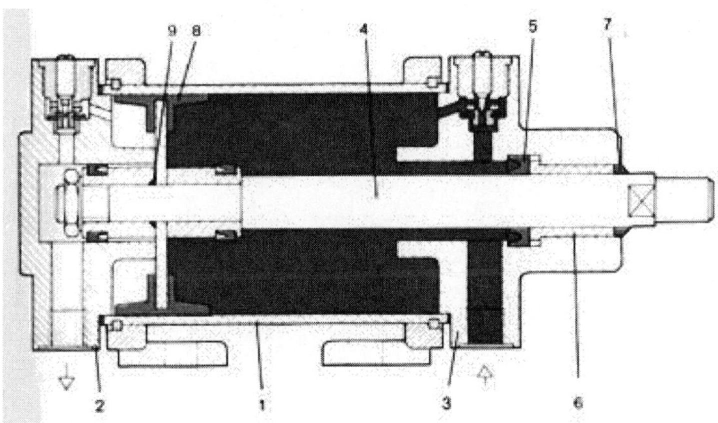

그림 5.10 실린더의 구조

■ 실린더의 밀봉

실린더 내부에서는 기밀을 유지하기 위하여 밀봉 요소를 사용한다. 밀봉 요소로 사용되는 재료와 사용 가능 온도는 다음과 같다.

- 퍼부난(perbunan) : -20~80℃
- 바이톤(viton) : -20~190℃
- 테프론(teflon) : -80~200℃

밀봉 요소는 크게 **오링형**과 **컵형링**이 있다. **오링**은 정적인 밀봉이나 작은 실린더에 주로 사용한다. 오링은 마찰력이 적어서 추력이 커지는 장점이 있지만 컵형 링에 비하여 수명이 짧다. **컵형링**은 압축공기가 인입되면 링의 날개 부위가 실린더 몸체 쪽으로 압력을 가하게 되므로 밀봉이 극히 우수하고 수명도 매우 길다. 반면에 마찰력은 상대적으로 크다.

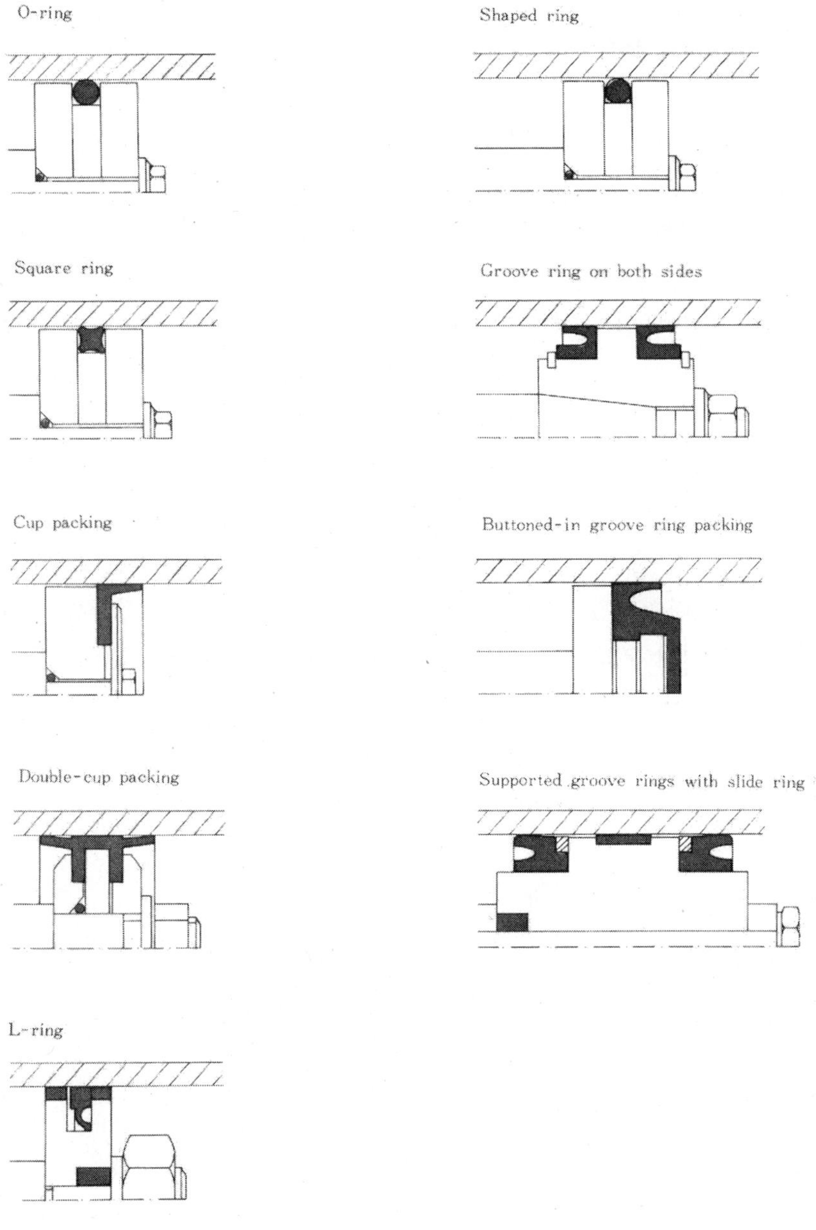

그림 5.11 실린더의 밀봉

5.4 실린더의 설치

실린더를 설치하는 형식은 실린더를 치구나 기계에 부착하는 방법에 의하여 결정된다. 실린더가 항상 고정 위치를 갖는 경우에는 영구적인 설치 방식을 채택하고 후에 위치가 바뀌는 경우에는 적당한 모듈(module) 구조로 설치하는 것이 좋다. 모듈 구조를 채택하면 설치가 간편하고 특히 여러 개의 실린더를 사용하는 경우에는 여러 가지 설치 방법을 잘 조합함으로서 정확한 위치 제어를 할 수 있게 된다. 피스톤을 설치할 때에 피스톤 축의 직각 방향으로부터 힘이 걸리지 않는다면 여러 가지 설치 방법이 가능하다. 공압 실린더가 레버를 통하여 다른 기계 부품과 연결될 경우나 축이 잘못 맞추어져 있는 경우, 또는 정렬이 제대로 되어 있지 않은 경우에는 실린더 배럴이나 피스톤 로드에 굽힘 하중이 걸리게 된다. 그 결과로서 실린더 베어링 부위와 피스톤 로드 가이드 베어링에 크고 급격한 압력이 걸려 마모가 증가하며 피스톤 로드 실과 피스톤 실에 불균일한 스트레스가 증가된다. 이러한 스트레스가 걸리면 실린더의 내구 수명이 상당히 감소하게 된다. 따라서 이러한 경우에는 다양한 피스톤 로드 커플링을 사용하여 사소한 정렬의 어긋남이나 각도의 이탈을 보상해 줄 수 있다.

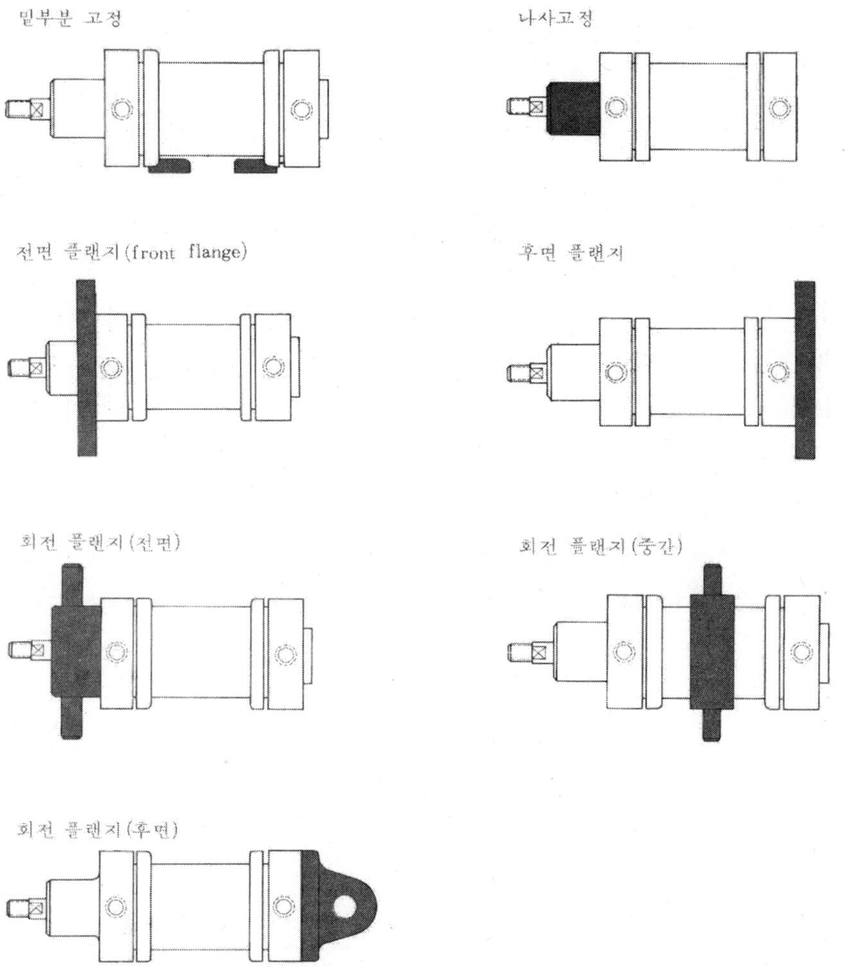

그림 5.12 실린더의 설치

5.5 실린더의 추력

실린더의 추력은 피스톤의 면적과 작용하는 압력의 곱으로 계산된다. 공압 실린더를 선택하는데 필요한 첫 번째 기준은 필요한 피스톤 힘을 구하는 것인데 이는 설계 과정에서 미리 주어지는 것이 대부분이다. 피스톤 힘은 피스톤 면적에 공압 시스템 압력을 곱한 것에서 밀봉 요소의 마찰저항을 뺀 것이다.

단동 실린더의 경우 일은 한 방향으로만 이루어지고 후진운동은 내장된 스프링에 의하여 이루어진다. 단동 실린더에서는 전진운동을 할수록 스프링에 의한 반력 때문에 피스톤 힘이 감소되는데, 스프링 힘은 피스톤 로드가 전진할수록 증가하기 때문이다. 반면에 복동 실린더의 경우는 후진운동을 할 때 피스톤 로드의 면적만큼 피스톤 면적이 감소되므로 피스톤 힘이 적어진다.

일반적으로 실린더 제조회사에서는 실제 낼 수 있는 힘을 표시하는데 이는 마찰력을 뺀 것이다. 피스톤이 내는 이론적인 힘은 다음과 같이 계산된다.

$$F_{th} = p \cdot A$$

여기에서 F_{th} : 이론적인 피스톤 힘(N)

p : 작동 압력(Pa)

A : 유효 피스톤 면적(m^2)

실린더를 선정할 때 실제로 중요한 것은 유효 피스톤 힘이다. 실제로 피스톤이 내는 힘을 계산하기 위해서는 마찰저항을 고려하여야 하며 실린더의 크기와 구조에 따라 다르겠지만 보통 마찰력은 계산된 힘의 3~20% 정도로 간주한다. 따라서 실린더의 유효력은 다음과 같이 계산된다.

$$F = p \cdot A - F_R$$

여기에서 F : 유효한 피스톤 힘(N)

p : 작동 압력(Pa)

A : 유효 피스톤 면적(m^2)

F_R : 마찰력($p \cdot A$의 3~20%)

직경이 규격에서 벗어난 실린더는 시중에서 구입할 수 없기 때문에 가급적이면 규격화된 실린더의 직경을 선정해야한다. 참고로 ISO 6431/6432 규정에 의한 실린더의 표준 직경은 다음과 같다.

ISO 표준 직경(mm) :
8, 10, 12, 16, 20, 25, 32, 40, 50, 63, 80, 100, 125, 160, 200, 250, 320

많은 경우에 실린더에서 얻을 수 있는 힘을 보다 정밀하게 조절할 필요가 있는데 이러한 경우에는 압력 조절 밸브를 이용하면 무단으로 쉽게 조절할 수 있게 된다. 필요한 실린더 직경은 압력-힘 도표를 이용하여도 쉽게 구할 수 있다.

5.6 실린더의 행정거리

실린더의 운동 가능한 최대 거리를 행정거리라고 한다. 행정거리는 실린더의 설계 구조에 의해서도 영향을 받지만 실린더의 직경과 피스톤 로드의 좌굴 하중에 의하여 더 큰 영향을 받는다. 실린더의 최대 행정거리도 표준화되어 있는데 표 5.1에서 이를 보여준다. 표 5.1에 표시된 최대 행정거리는 실린더의 구조, 설치 조건 등에 의하여 변화될 수 있는 것이기 때문에 표 5.1은 하나의 설계 기준으로 받아들이는 것이 좋다. 실제로 로드리스 실린더는 4000mm 정도의 행정거리를 가진 것도 있고 특수한 경우에는 이보다 긴 행정거리를 갖고 있는 것도 있다.

큰 직경의 실린더에서는 공기 소비량도 최대 행정거리를 결정하는 중요한 요소가 된다. 250mm와 320mm의 실린더에서도 기술적으로는 최대 2000mm 이상의 행정거리도 가능하지만 공기 소비량을 감안하여 최대 1100mm로 행정거리를 표준화하였다. 또한 실린더의 설치 형태와 피스톤 로드의 좌굴 하중도 행정거리에 크게 영향을 미친다. 아주 긴 행정거리가 요구되는 실린더에서는 강화된 피스톤 로드를 사용하거나 가이드를 설치하여 주는 것이 바람직하다.

선정된 실린더는 가급적 전 행정거리를 움직이면서 작업을 하도록 해야 한다. 그래야만 실린더의 끝 위치에서의 쿠션 효과를 얻을 수 있기 때문이다. 그러나 실제 작업에서는 실린더의 행정거리를 조절해야 될 경우도 있다. 실린더의 행정거리는 스토퍼(stopper)를 설치하든지, 실린더 1개만의 단순한 왕복운동인 경우에는 리밋 스위치를 설치하여 조절할 수 있다. 그러나 이러한 경우에는 쿠션 효과를 기대할 수 없다.

표 5.1 표준화된 복동 실린더의 최대 행정거리

피스톤 직경 (mm)	6	12	16	25	35	50	70	100	140	200	250
최대 행정거리 (mm)	100	200	500	500	2000	2000	2000	2000	2000	2000	1100

5.7 공기 소모량

압축기의 크기, 저장 탱크, 주배관의 크기 등을 결정하기 위해서는 실린더의 평균 공기 소모량이 계산되어야 한다. 공기 소모량의 계산은 공기 소모량 도표를 이용하여 구할 수도 있고 계산식을 통하여도 구할 수 있다.

계산식을 이용하는 경우의 한 행정 당 공기 소모량은 피스톤 면적과 행정거리, 압축비의 곱으로 계산된다. 실제로 실행된 행정의 수를 곱하면 분당 또는 시간당 소모되는 공기의 양을 계산할 수 있다.

공기 소모량을 계산하는 식은 다음과 같다.

단동 실린더의 공기 소모량:

$$Q = (\pi \cdot D^2/4) \cdot s \cdot k \cdot n \cdot 10^{-3}$$

복동 실린더의 공기 소모량:

$$Q = \{(\pi \cdot D^2/4) + \pi \cdot (D^2-d^2)/4\} \cdot s \cdot k \cdot n \cdot 10^{-3}$$

그러나 실린더의 데드 체적(dead volume)과 실린더와 밸브 사이의 배관 체적을 고려하면 10~20%의 여유가 더해져야 하므로 많은 경우 전진운동을 기준으로 하고, 공기 소모량에 두 배를 하여 한 행정 당 공기 소모량을 계산하기도 한다.

근사 복동 실린더의 공기 소모량:

$$Q = 2\,(\pi \cdot D^2/4) \cdot s \cdot k \cdot n \cdot 10^{-3}$$

여기에서 Q : 공기 소모량(l /min)

D : 실린더 직경(cm)

d : 피스톤 직경(cm)

s : 행정거리(cm)

k : 압축비 = [1.013 + 작동압력(bar)] / 1.013 (평균 해수면 기준)

n : 1분당 행정 수(회/min)

5.8 실린더 속도

공압 실린더의 피스톤 속도는 반력과 공기 압력, 파이프의 길이, 마지막 제어요소와 작업요소 사이의 단면적 및 마지막 제어요소를 통과하는 유량에 좌우되며 쿠션도 속도에 영향을 미치게 된다. 공압 실린더에 있어서 속도 영역은 0.02~1m/s 정도이다. 피스톤 속도가 0.02m/s 이하가 되면 이른바 스틱 슬립(stick slip) 현상이 발생되어 피스톤 운동이 고르지 못하게 되는데, 이는 정 마찰과 슬라이딩 마찰 사이의 관계에 기인한다. 이러한 현상은 피스톤 속도가 감소할수록 증가하는 경향이 있다.

그럼에도 폐쇄회로를 가진 유압 실린더와 결합되어 사용되면 0.005m/s의 속도까지도 매끄럽게 얻어낼 수 있다. 피스톤 속도가 1m/s 이상이 되면 피스톤 실에서의 마찰손실과 포트에서의 압력손실이 너무 커서 비경제적이 된다.

피스톤의 속도는 실린더 크기와 파워 밸브의 배열, 배관 및 피스톤 운동에 반대되는 하중의 크기에 따라 영향을 받는다.

압축공기 에너지를 기계적인 회전 운동 에너지로 바꾸어 주는 장치를 총칭하여 **공압 모터**라고 하고, 회전각의 제한이 있는 회전 작업 요소를 분리하여 **요동형 작업 요소**로 부르기도 한다.

5.9 공압 모터

■ 피스톤 모터

압축공기를 피스톤 단면에 작용시켜 그 힘을 사판이나 캠, 크랭크 축 등에 전달하여 모터 축을 회전시키는 구조로 되어 있으며 반경류(radial) 피스톤 모터와 축류(axial) 피스톤 모터로 구분된다. 반경류 피스톤 모터의 크랭크 샤프트는 왕복 운동을 하는 피스톤과 커넥팅 로드에 의하여 구동된다. 운전을 원활하게 하기 위해서는 여러 개의 피스톤이 필요한데 출력은 공기의 압력과 피스톤의 수, 피스톤의 면적, 행정거리와 속도에 좌우된다.

무한한 회전각을 갖는 공압 모터는 압축공기로 작동되는 작업요소 중 가장 널리 쓰이는 것의 하나이며 설계 방식에 따라 피스톤 모터, 기어 모터, 베인 모터, 터보 모터로 분류한다.

• 반경류 피스톤 모터

반경류 피스톤 모터는 압축공기가 피스톤에 순차적으로 작용하면 피스톤의 왕복운동이 커넥팅 로드에 의해 힘이 전달되어 크랭크샤프트를 구동시키게 된다. 보통 원활한 구동을 위하여 3~6개의 피스톤이 필요하며 모터의 축력은 피스톤에 작용하는 공기의 압력과 피스톤의 개수, 피스톤의 단면적 및 행정거리와 속도에 따라 결정된다.

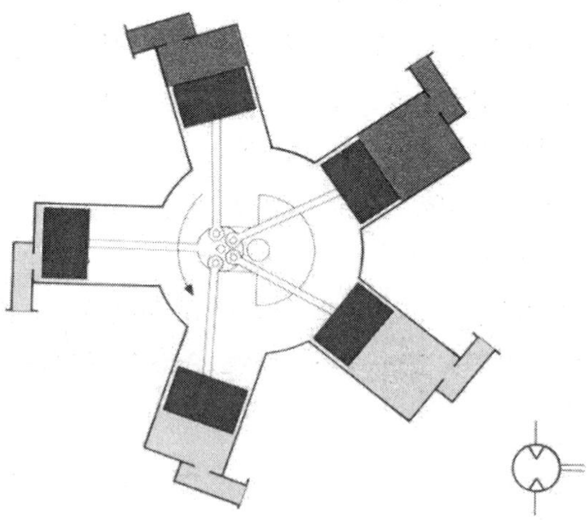

그림 5.13 반경류 피스톤 모터

• 축류 피스톤 모터

축류 피스톤 모터의 작동원리도 반경류 피스톤 모터의 작동 원리와 비슷하다. 다섯 개의 축방향으로 나열된 피스톤에서 나오는 힘은 회전 사판에 의하여 회전 운동으로 전환된다. 압축공기는 두 개의 피스톤에 동시에 공급되며 토크의 균형에 의하여 조용한 운전을 하게 된다. 이러한 피스톤 모터는 시계 방향이나 반시계 방향의 회전이 가능하며 속도는 무부하 상태에서 3000rpm 정도이고 출력은 1.5~2.6kW 정도이다.

그림 5.14 축류 피스톤 모터

■ 기어 모터

기어 모터는 두 개의 맞물린 기어에 압축공기를 공급하여 토크를 얻는 방식이다. 한 개의 기어는 모터의 축에 고정되며 대단히 높은 출력(60마력)을 얻을 수 있다. 역회전도 가능하고 직선 또는 사선형 기어도 사용된다.

■ 베인 모터

베인(vane) 모터는 구조가 간단하고 무게가 가벼우므로 대부분의 공압 모터는 이 방식으로 만들어진다. 케이싱 안쪽으로 베어링이 있고 그 안에 편심 로터가 있으며 이 로터에 가공되어 있는 슬롯에 3~10개의 베인이 삽입되어 있다. 로터가 회전하게 되면 원심력에 의해 케이싱 내벽 쪽으로 힘이 작용하게 되어 각 공간을 밀폐시킨다. 일반적으로 로터의 속도는 3000~8500rpm 정도이다. 이 모터도 역시 역회전이 가능하며 출력은 0.1~17kW 정도가 된다.

최대 출력은 감속기를 붙이지 않은 경우는 무부하 상태의 50% 정도의 회전수에서 나온다.

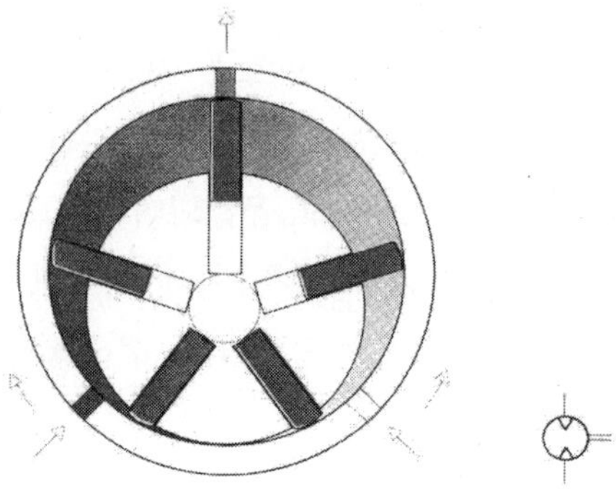

그림 5.15 베인 모터

그림 5.16은 베인 모터를 사용한 에어 드라이버의 구조를 보여준다.

그림 5.16 에어 드라이버

■ 터보 모터

터보(turbo) 모터는 낮은 출력이 요구되는 곳에서만 사용된다. 그러나 대단히 높은 속도를 얻을 수 있다. 최근에 개발된 모터는 800,000rpm에 이르는 아주 빠른 회전 속도를 낼 수 있는 것도 있다. 일반적으로 치과의사들이 사용하는 공압 터보 모터의 회전속도는 250,000rpm 정도이다.

공압 모터는 다음과 같은 **장점**이 있다.

- 속도와 출력을 무단으로 조절할 수 있다.
- 속도 범위가 크다.
- 과부하에 대하여 절대적으로 안전하다.
- 오물, 열, 습기, 냉기 등의 주변 환경에 민감하지 않다.
- 정지 시에 에너지의 소비 없이 토크를 유지할 수 있다.
- 회전 방향을 쉽게 바꿀 수 있다.
- 취급하기가 용이하며 보수 유지가 쉽다.

반면에 다음과 같은 **단점**도 있다.

- 압축성 있는 매체를 사용하므로 모터의 축에 걸리는 부하가 변하면 속도도 변하므로 균일한 속도를 얻는 것이 사실상 불가능하다. 특히 저속에서 속도가 불안정하다.
- 회전 속도가 빨라지면 에너지 소비량이 급증하게 되므로 운전비용이 많이 들어 비경제적이다.

5.10 요동형 액추에이터

요동형 액추에이터는 제한된 회전각을 갖는 장치로서, 공압 실린더를 이용하는 **랙-피니온형**과 **베인형**의 두 가지가 있다.

■ 랙-피니온형 회전 실린더

랙-피니온(rack and pinion)형 회전 실린더는 랙과 피니온 기구를 이용하여 실린더의 직선운동을 회전운동으로 바꾸어 주는 장치이다. 기어의 형상을 하고 있는 피스톤 로드가 기어를 구동시켜서 직선운동을 회전운동으로 전환하는 것이다. 상품화된 회전 실린더의 회전 범위는 45°, 90°, 180°, 360°, 720°등이 있으며 부착된 조절나사를 이용하여 피스톤의 행정거리를 조절할 수 있으므로 회전각도도 조절할 수 있다. 토크는 압력, 피스톤의 단면적, 기어비에 달려 있으며 공작물의 회전, 튜브 굽힘, 슬라이드 굽힘 작업 등에 이용된다. 그러나 이러한 형태의 회전 실린더는 정회전시와 역회전 시에 낼 수 있는 토크가 다른 것이 단점이다.

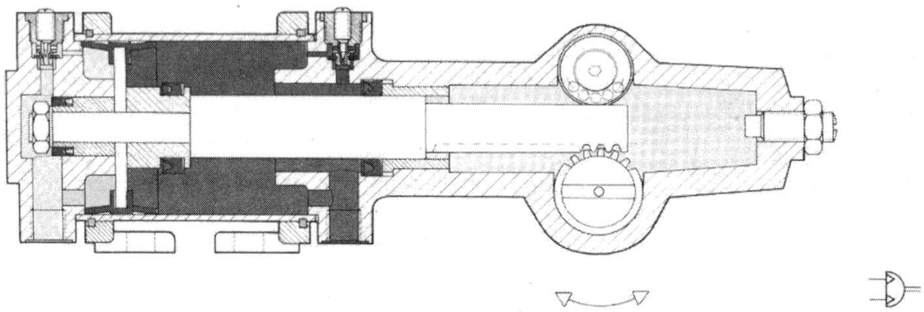

그림 5.17 회전 실린더

그림 5.18의 회전 실린더는 정회전과 역회전 시 낼 수 있는 토크가 같게 되며 피스톤에 해당되는 랙 부위를 반대쪽에 한 개 더 설치하면 토크를 두 배로 증가시킬 수 있다.

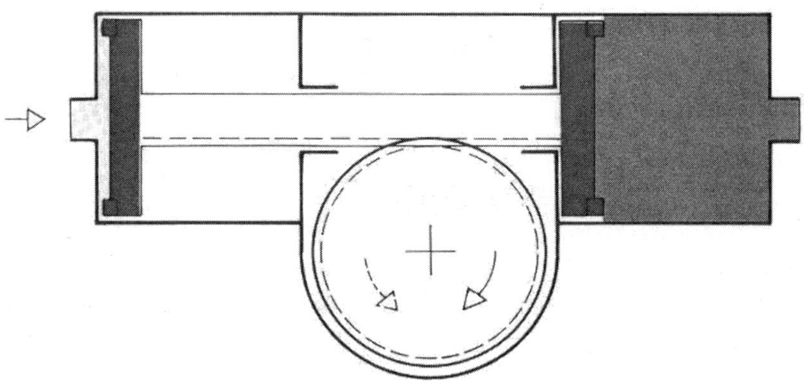

그림 5.18 회전 실린더

■ 베인형 회전 실린더(Single vane type)

베인형 회전 실린더도 한정된 회전각을 갖고 있으며 구조상 최대 184°까지의 회전운동이 허용된다. 그림 5.19에서도 볼 수 있듯이 독(dog) 형태의 마운팅 장치를 이용하여 회전각을 제한해 줄 수 있을 뿐만 아니라 리밋 스위치와 연동하여 시퀀스 작업도 쉽게 할 수 있다. 회전운동의 끝 부분에는 쿠션이 내장되어 있으며 최대 초당 3회전의 요동운동이 가능하다. 이러한 회전 실린더는 일정 각도를 왕복 회전운동 하는 것으로서 볼 밸브의 자동 개폐, 자동문의 개폐, 로봇의 회전 구동, 노의 반전 장치, 인덱스 테이블의 구동 등에 이용된다. 출력은 베인의 수압 면적과 사용 공기 압력으로 결정된다.

그림 5.19 베인형 회전 실린더

CHAPTER 06

방향 제어 밸브

방향 제어 밸브(directional control valve)는 공기의 흐름에 영향을 미치는 공압 요소로서 시동과 정지, 유로의 방향 전환 등에 사용된다.

6.1 방향 제어 밸브의 표시법

회로도면에 표시되는 밸브의 기호는 단지 밸브의 기능만을 나타내며 밸브들의 설계 원리나 구조는 나타내지 않는다.

- 밸브의 스위칭 위치는 사각형으로 나타낸다. 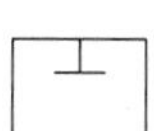
- 사각형의 수는 그 밸브가 갖고 있는 스위칭 위치의 수를 나타낸다. 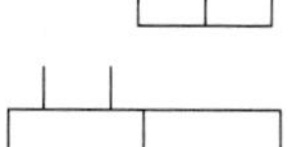
- 직선은 유로를 나타내며 화살표는 흐르는 방향을 나타낸다. 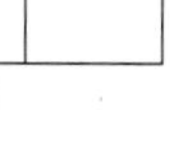
- 유로의 차단은 사각형 내에서 직각으로 그려진다. 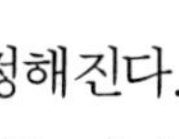
- 입력과 출력의 연결구 배관은 사각형 밖에 직선으로 표시한다. 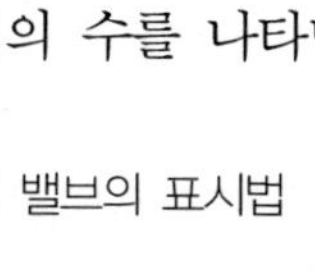

방향 제어 밸브의 명칭은 제어 연결구와 제어 위치의 수에 기초를 두어 정해진다. 밸브 명칭의 첫 번째 숫자는 제어 연결구의 수이고 두 번째 숫자는 제어위치의 수를 나타낸다.

밸브를 더욱 명확히 정의하기 위해서는 다음과 같은 보조 개념이 필요하다.

- 정상 위치(normal position) : 밸브가 작동되지 않은 상태에서 그 밸브가 갖는 제어 위치로서 정상 상태 열림(normally open)과 정상 상태 닫힘 (normally closed)이 있다. 정상 위치는 2/2-way 밸브나 3/2-way 밸브에서만 사용된다.

- 기본 위치(basic position) : 4/2-way 밸브나 5/2-way 밸브에서 스프링에 의하여 복귀되어 있는 위치를 말한다. 많이 사용하는 용어는 아니다.

- 중립 위치(neutral position) : 3개 이상의 제어위치를 갖는 밸브가 작동되지 않은 상태에서 갖는 제어 위치를 말한다.

- 초기 위치(initial position) : 밸브를 시스템 내에 설치하고 압축공기나 전기와 같은 작동 매체를 공급하고 작업을 시작하려고 할 때에 그 밸브가 갖는 제어 위치를 말한다.

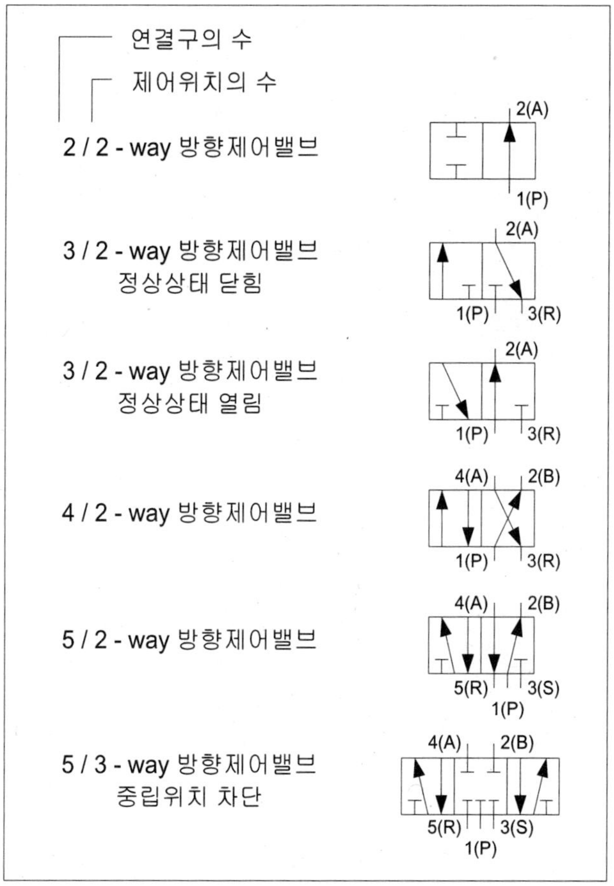

그림 6.1 밸브의 명칭

밸브와 밸브 또는 밸브와 실린더를 연결하기 위해서는 각 밸브의 연결구에 표시를 해 주어야 하는데 이를 정리하면 표 6.1과 같다.

표 6.1 밸브의 연결구 표시

	ISO-1219 (문자 표기법)	ISO-5599 (숫자 표기법)
파워 포트(연결구)	P	1
작업 포트(연결구)	A, B	2, 4
배기 포트(연결구)	R, S, T	3, 5, 7
제어 포트(연결구)	Z, Y, X	10, 12, 14

방향 제어 밸브의 기호에 연결구를 표시하면 그림 6.2와 같다.

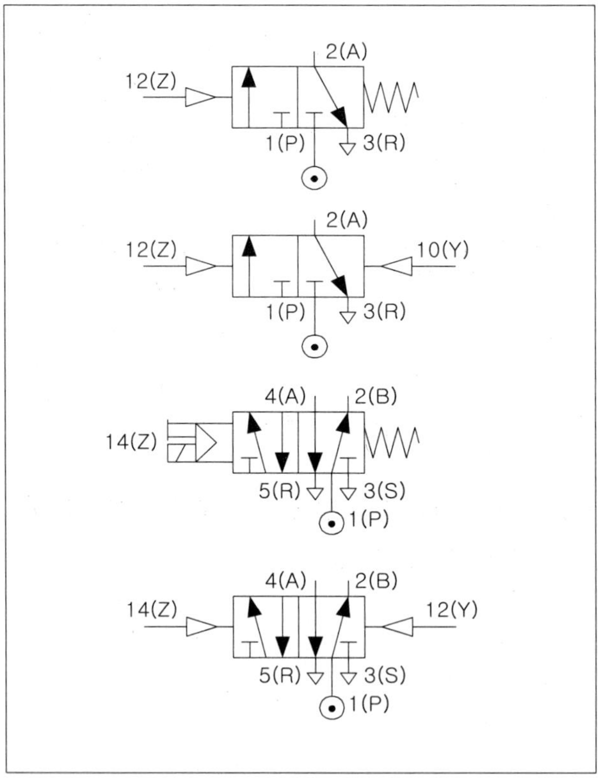

그림 6.2 연결구 표시

■ 밸브의 작동 방법

방향 제어 밸브의 작동 방법은 작업의 요구에 따라 달라진다. 작동 방법은 수동 작동 방법, 기계적 작동 방법, 공압적 작동 방법, 전기적 작동 방법, 복합 작동 방법으로 구분된다. 방향 제어 밸브의 작동 방법은 밸브의 기호의 측면에 나타내게 되는데 가장 많이 사용하는 작동 방법을 정리하면 그림 6.3과 같다.

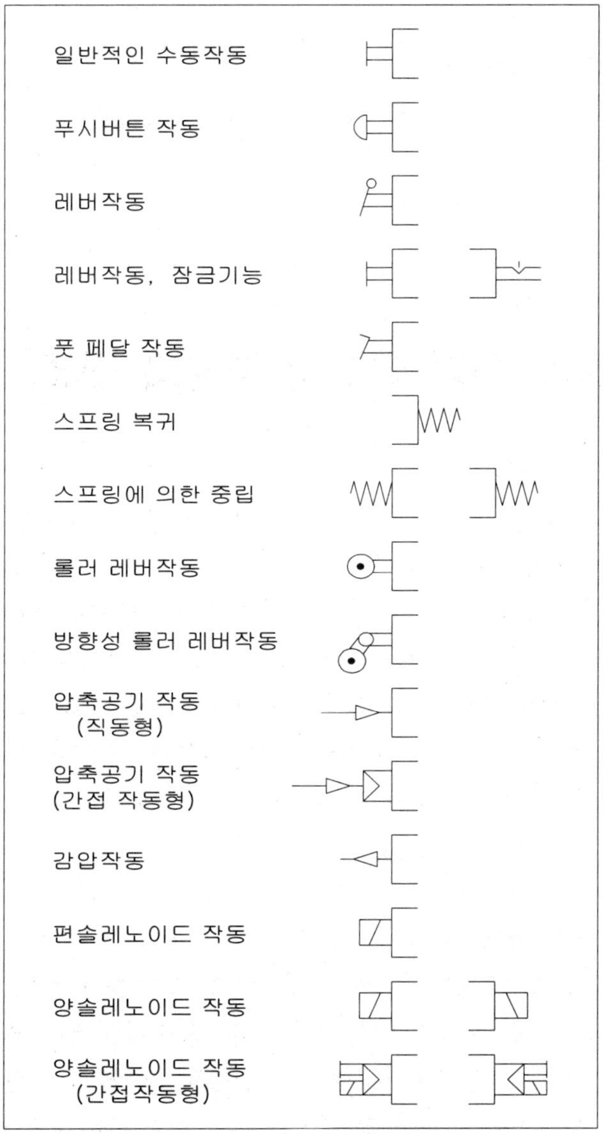

그림 6.3 밸브의 작동 방법

방향 제어 밸브의 작동은 밸브를 작동시키는 시간에 따라 지속 작동과 순간 작동으로 나눌 수 있다.

- 지속 작동(continuous actuation)

  밸브를 작동시키기 위해서는 계속해서 신호를 가해 주어야 하는 경우이다. 밸브의 원위치는 보통 스프링에 의하여 이루어진다.

- 순간 작동(impulse actuation)

  순간적인 신호만으로 밸브를 작동시킬 수 있는 경우이다. 짧은 신호만으로도 밸브의 전환이 일어나며 신호가 없어져도 그냥 그 위치가 유지된다. 밸브를 원위치 시키기 위해서는 반대 방향의 신호가 필요하다.

6.2 방향 제어 밸브의 종류와 구조

■ 방향 제어 밸브의 설계 특성

방향 제어 밸브는 구조에 따라 포펫(poppet) 밸브와 슬라이드(slide) 밸브로 구분된다.

포펫 밸브의 연결구는 볼(ball), 디스크(disc), 평판(plate) 또는 원추(cone)에 의하여 열리거나 닫힌다. 밸브의 시트(seat)는 탄성이 있는 실에 의하여 밀봉된다. 이 밸브는 마모가 일어날 수 있는 부분이 적기 때문에 긴 수명을 갖게 되며 먼지에 민감하지 않고 강하게 만들어져 있다. 작용력은 복원 스프링과 압축공기의 압력을 이겨야 하므로 비교적 크다.

슬라이드 밸브는 밸브 내에 스풀(spool)이 이동하면서 공기의 흐름을 변경시켜 준다. 작용력은 포펫 밸브에 비하여 작으나 밀봉에 어려움이 많다.

■ 2/2-way 밸브(ball seat valve)

스프링에 의해서 볼이 밸브에 밀착되어 있으므로 P에서 A로의 유로를 차단하고 있다(normally closed). 스프링 힘 보다 크게 플런져를 누르면 볼이 시트로부터 떨어져서 공급라인 P로부터 작업라인 A로 유로를 개방시켜 준다. 플런져를 놓으면 내장된 스프링에 의하여 P에서 A로의 유로가 차단된다. 이 밸브는 구조가 간단하기 때문에 가격이 싸고 크기도 작다. 이 밸브는 볼 시트(ball seat)의 구조를 갖고 있으므로 포펫 밸브로 구분된다.

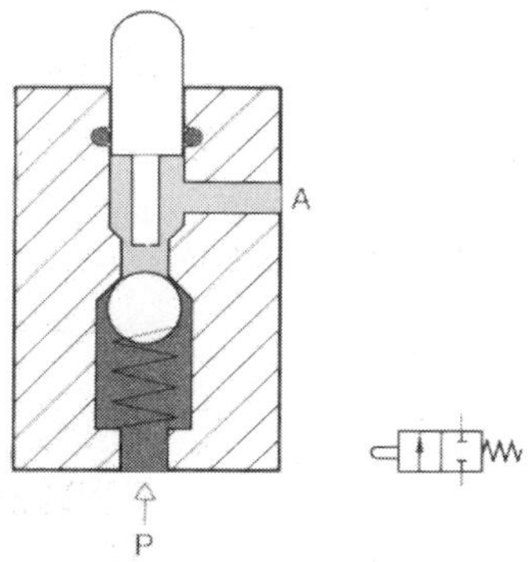

그림 6.4 2/2-way 밸브(N/C)

■ 3/2-way 밸브(ball seat valve)

스프링에 의해서 볼이 밸브에 밀착되어 있으므로 P에서 A로의 유로를 차단하고 있다(normally closed). 작업라인 A는 배기 포트 R을 통하여 대기와 연결된다. 스프링 힘보다 크게 플런져를 누르면 볼이 밀려서 P에서 A로 유로를 개방시켜 준다.

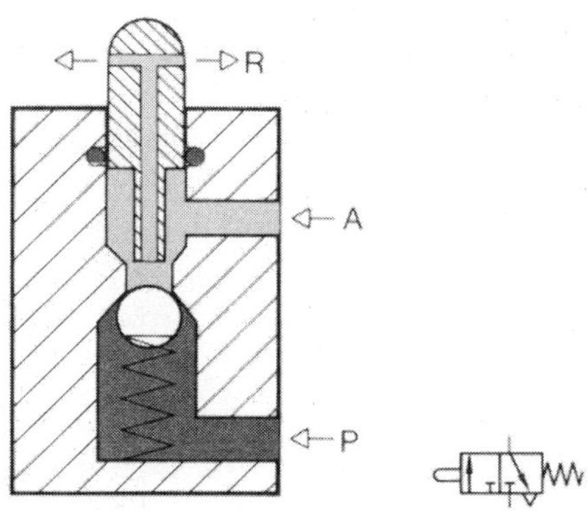

그림 6.5 3/2-way 밸브(N/C)

■ 3/2-way 밸브(disc seat valve, N/C)

스프링에 의해서 디스크가 밸브에 밀착되어 있으므로 P에서 A로의 유로를 차단하고 있다(normally closed). 작업라인 A는 배기 포트 R을 통하여 대기와 연결된다. 스프링 힘보다 크게 플런져를 누르면 디스크가 밀려서 P에서 A로 유로를 개방시켜 준다. 이 밸브는 밀봉이 우수하며 간단한 구조를 갖고 있다. 또한 적은 거리만 움직여도 공기가 통하기에 충분한 단면적을 얻을 수 있기 때문에 반응 시간이 짧다.

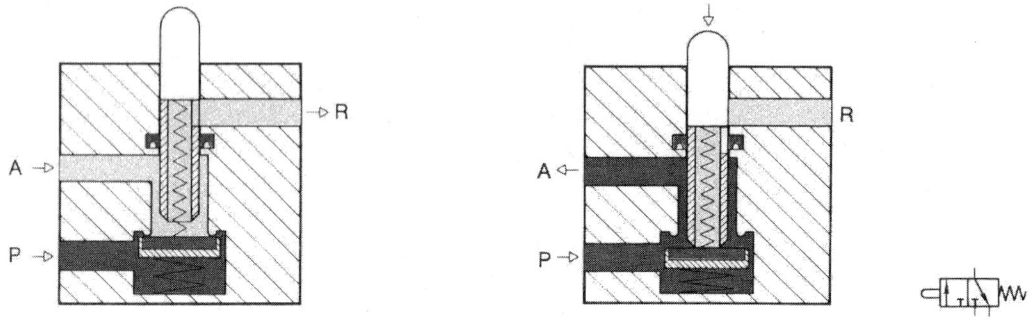

그림 6.6 3/2-way 밸브(N/C)

■ 3/2-way 밸브(disc seat valve, N/O)

밸브 상부에 있는 스프링에 의해서 디스크가 플런저 쪽으로 밀착되어 있으므로 P에서 A로의 유로가 개방되어 있다(normally open). 배기 라인 R은 차단되어 있다. 스프링 힘보다 크게 플런저를 누르면 디스크가 밀려서 P에서 A로의 유로를 차단시켜 준다. 작업라인 A는 배기라인 R을 통하여 대기와 연결된다.

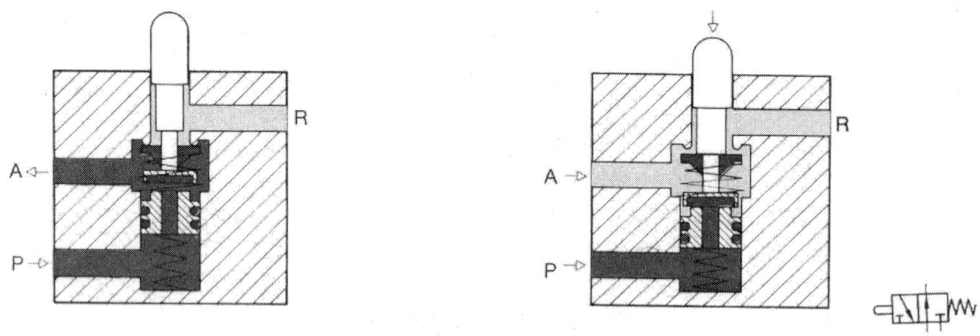

그림 6.7 3/2-way 밸브(N/O)

■ 3/2-way 밸브(disc seat valve, 압축공기 작동형)

Z를 통하여 압축공기를 제어라인에 공급하여 주면 밸브의 플런저가 스프링 힘을 이겨 움직이게 되어 P와 A가 연결된다. 라인 Z에서 배기가 일어나게 되면 내장된 스프링은 원 위치로 돌아오게 되며, P에서 A로의 통로는 닫히게 되고 A는 R을 통하여 대기와 연결된다.

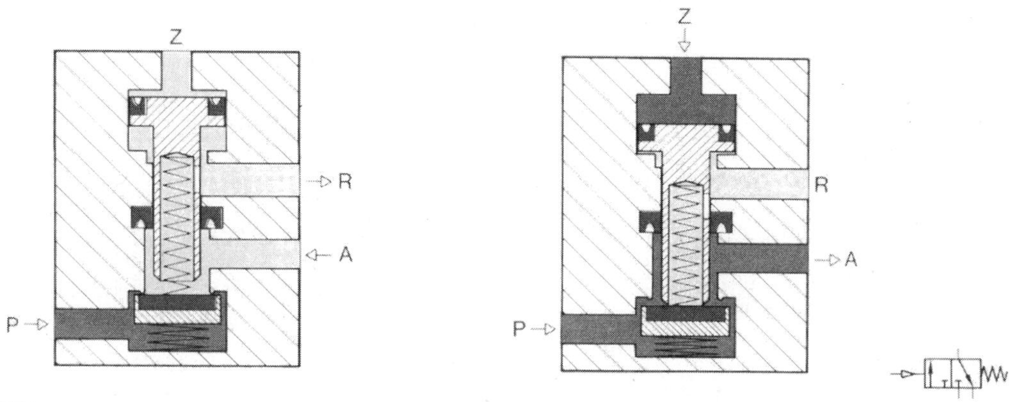

그림 6.8　3/2-way 밸브(압축공기 작동형, N/C)

■ 3/2-way 밸브(spool valve)

스프링에 의해서 스풀이 원위치 되어 P에서 A로의 유로를 차단하고 있다(normally closed). 작업라인 A는 배기 포트 R을 통하여 대기와 연결된다. 스프링 힘 보다 크게 스풀을 작동시키면 스풀이 이동되어 P에서 A로 유로를 개방시켜 준다.

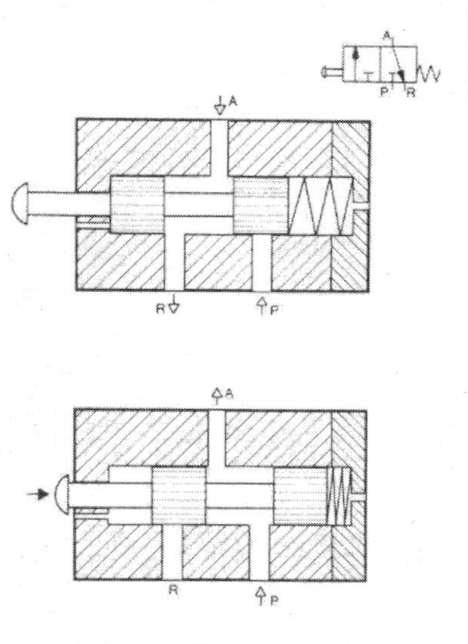

그림 6.9　3/2-way 밸브(N/C)

■ 4/2-way 밸브(압축공기 작동형)

Z를 통하여 압축공기를 제어라인에 공급하여 주면 두 개의 격판에 압력을 가하게 되어 P와 A, B와 R이 연결된다. 라인 Z에서 배기가 일어나게 되면 내장된 스프링은 원위치로 돌아오게 되며 P에서 B로, A에서 R로 유로가 형성된다.

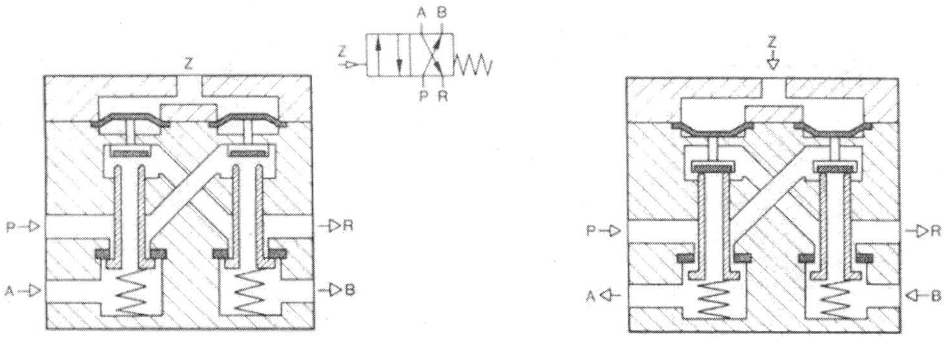

그림 6.10 4/2-way 밸브(압축공기 작동형)

■ 4/2-way 밸브(간접 작동형)

압력 공급선 P와 파이로트 밸브는 작은 관으로 연결되어 있다. 롤러 레버가 작동되면 파이로트 밸브가 열리게 되고 압축공기는 주 밸브의 격판으로 흐르게 된다. 그러면 두 개의 격판에 압력을 가하게 되어 P와 A, B와 R이 연결된다. 라인 Z에서 배기가 일어나게 되면 내장된 스프링은 원위치로 돌아오게 되며 P에서 B로, A에서 R로 유로가 형성된다.

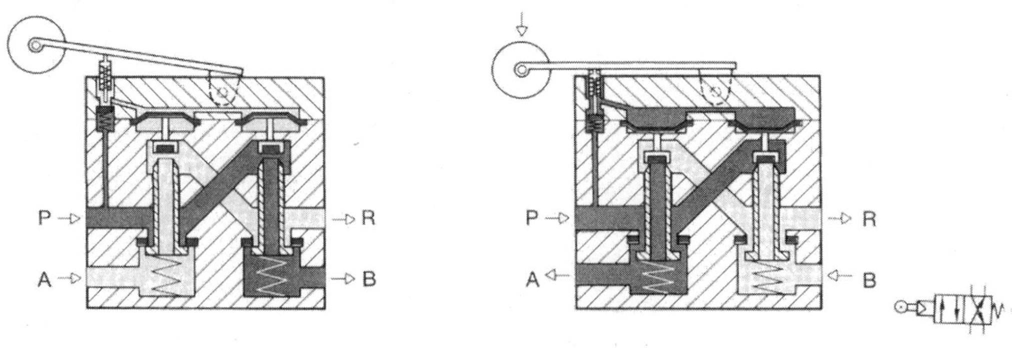

그림 6.11 4/2-way 밸브(롤러 레버, 간접 작동형)

■ 5/2-way 밸브(disc seat valve)

제어라인 Y에 신호가 들어오면 내부 격판이 스냅 운동을 하면서 P에서 B로, A에서 R로 유로가 형성된다. Y의 신호가 없어져도 밸브는 그 상태를 유지한다. Z라인에 신호가 들어오면 격판이 반대쪽으로 스냅운동을 하면서 P에서 A로, B에서 R로 유로가 형성된다.

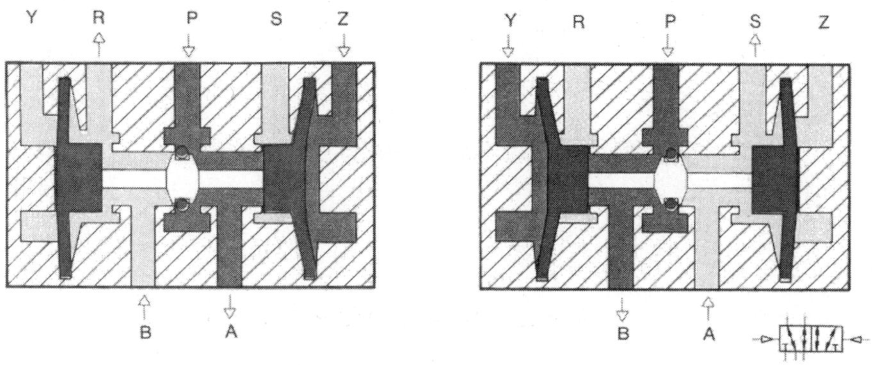

그림 6.12 5/2-way 밸브(압축공기 작동)

6.3 솔레노이드 밸브의 종류

솔레노이드(solenoid)는 원통 코일을 의미하며 코일 안에 있는 강편을 전자석으로 만드는 역할을 한다. 공압이나 유압 밸브에 이러한 솔레노이드를 붙여서 공압이나 유압 매체를 제어하는 역할을 하는 밸브를 솔레노이드 밸브라고 한다. 전기 제어 회로에서 사용하는 솔레노이드 밸브의 기호는 다음과 같다.

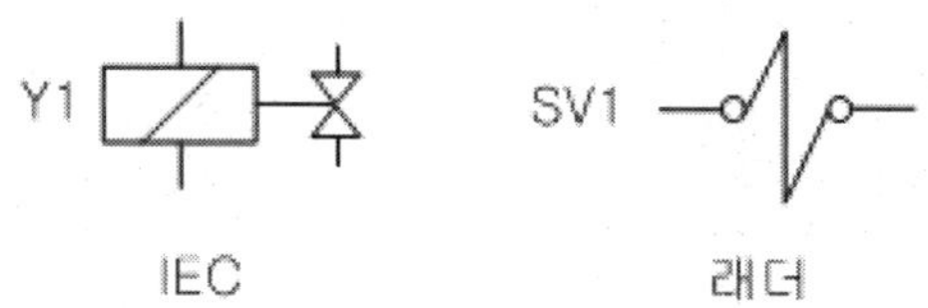

그림 6.13 솔레노이드 밸브의 기호

■ 2/2-way 편솔레노이드 밸브(N/C)

이 밸브는 두 개의 제어 위치를 갖은 포펫(poppet) 밸브로 구성되며 정상 상태 닫힘(normally closed) 밸브이다. 전기 신호를 주면 제어 위치가 전환되고 전기 신호가 끊어지면 스프링에 의하여 원래의 위치로 복귀된다.

정상 상태에서 압축공기는 1(P)에 대기 중이고, 출력 2(A)로의 공기 통로는 아마추어(armature)에 의해 차단된다. 솔레노이드에 전기 신호를 주면 아마추어는 코일의 자장에 의하여 작동되어 압축공기가 1(P)에서 2(A)로 흐른다. 전기 신호가 끊기면 스프링에 의하여 밸브는 원위치로 돌아오고, 밸브가 닫히면 유로 내의 잔류공기가 빠질 통로가 없으므로 차단 밸브로 사용이 가능하게 된다. 아마추어는 편심 스크루(screw)를 돌려서 수동 조작이 가능하다.

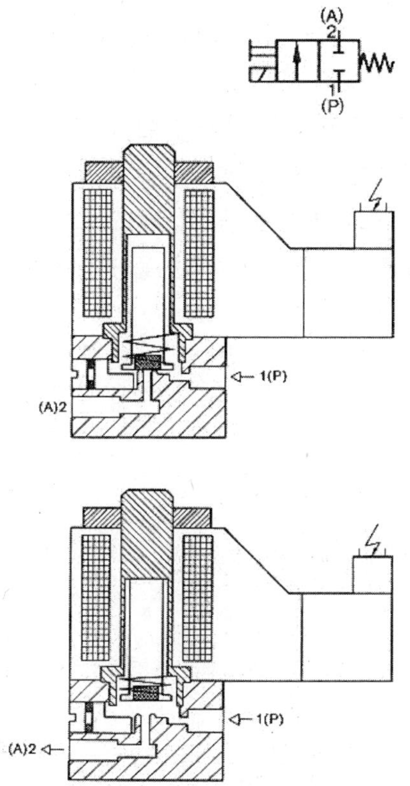

그림 6.14　2/2-way 편솔레노이드 밸브(N/C)

■ 3/2-way 편솔레노이드 밸브(N/C)

이 밸브는 전기 신호로 직접 작동되고 스프링에 의하여 복귀하는 포펫형 밸브이다. 코일에 전기 신호를 주면 아마추어가 밀폐대(sealing seat)에서 떨어지면서 동시에 배기공 3(R)이 닫혀서 압축공기는 1(P)에서 출력 2(A)로 흘러 들어간다.

전기 신호가 끊어지면 복귀 스프링에 의하여 아마추어는 밀폐대를 막고, 배기공 3(R)이 열려 유로 내의 잔류 압축공기는 빠져나간다.

편심 스크류에 의한 수동 조작이 가능한 이 밸브는, 단동 실린더의 제어, 다른 밸브의 제어, 제어계 내에서의 압축공기의 공급과 차단 등에 사용된다.

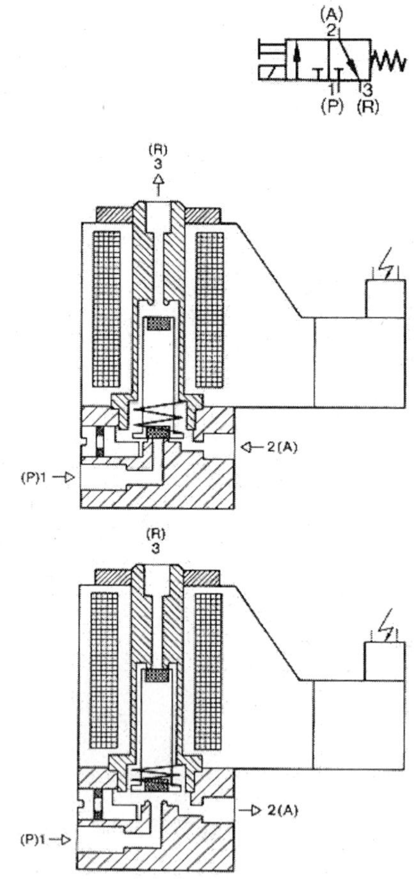

그림 6.15 3/2-way 편솔레노이드 밸브(N/C)

■ 3/2-way 편솔레노이드 밸브(N/O)

이 밸브는 두 개의 동작 위치를 갖는 포펫 밸브로서 정상 상태에서 유로가 개방되어 있다. 이 위치에서는 압축공기가 1(P)에서 2(A)로 흐른다. 코일에 전기 신호를 주면 아마추어에 의하여 1(P)이 막히고 유로 내의 잔류 압축공기는 3(R)을 통하여 배기된다.

이 밸브는 단동 실린더가 초기 상태에서 전진 위치로 되어 있는 경우나 전기 신호를 주지 않아도 출력이 있어야 하는 경우에 사용된다.

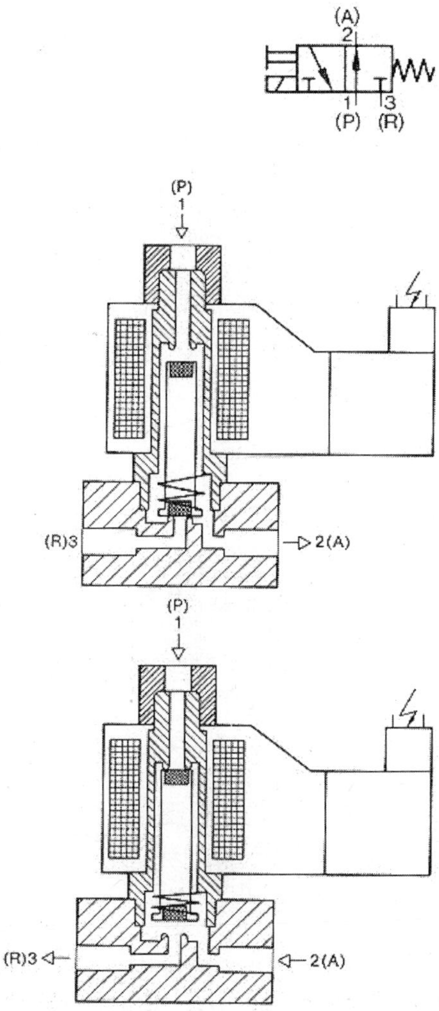

그림 6.16 3/2-way 편솔레노이드 밸브(N/O)

■ 3/2-way 편솔레노이드 밸브, 간접작동형(N/C)

간접 작동되는 이 밸브는 밸브에 부착된 솔레노이드가 작아도 된다. 이 밸브는 간접 작동형이라는 것 이외에는 앞에서 설명한 3/2-way 밸브와 동작되는 원리가 동일하다.

코일에 전기 신호가 주어지면 아마추어가 유로를 열고, 1(P)에서 아마추어를 거친 압축공기가 밸브 피스톤을 눌러서 1(P)에서 2(A)로의 유로가 열리게 된다. 수동 조작 스크류에 의한 수동 조작도 가능하다.

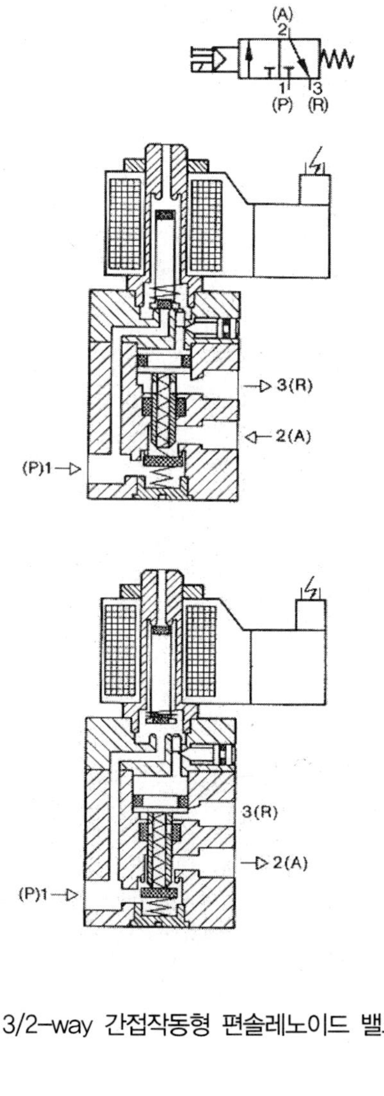

그림 6.17 3/2-way 간접작동형 편솔레노이드 밸브(N/C)

■ 4/2-way 편솔레노이드 밸브, 간접작동형

이 밸브는 두 개의 3/2-way 밸브로 구성되며 복동 실린더나 다른 밸브를 제어하는데 사용된다.

전기 신호가 주어지면 아마추어에 의해 통로가 열리고 압축공기가 간접제어 공기 통로를 통해 흘러서 밸브를 작동시켜 1(P)과 2(A)가 연결되고, 4(B)에서 3(R)으로 배기된다.

전기 신호가 제거되면 밸브는 정상 위치로 돌아와서 1(P)과 4(B)가 연결되고, 2(A)에서 3(R)으로 배기된다. 수동 조작 스크류에 의한 수동 조작도 가능하다.

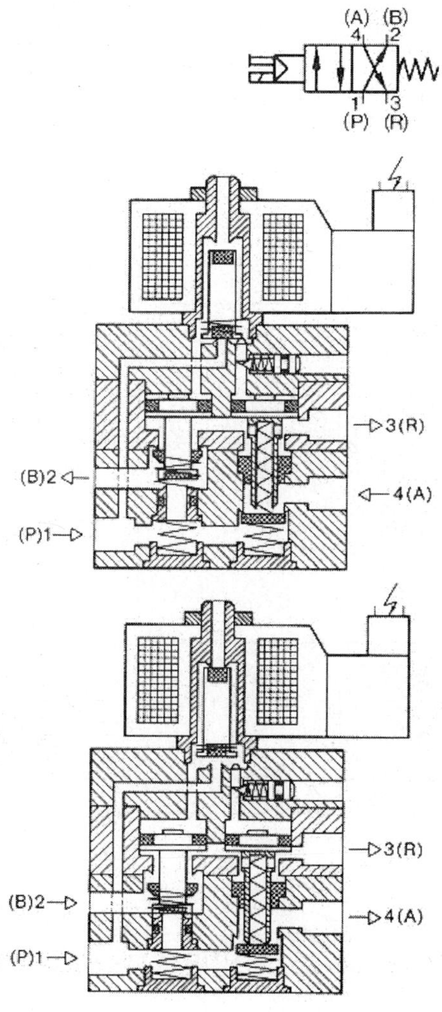

그림 6.18 4/2-way 간접작동형 편솔레노이드 밸브

■ 5/2-way 편솔레노이드 밸브, 간접작동형

이 밸브는 4/2-way 밸브와 기능은 유사하나 구조는 달라서 스풀(spool) 밸브이다. 전기 신호에 의해 아마추어가 작동되면 압축공기가 공기 통로를 통해 흘러서 밸브 피스톤을 작동시킨다. 밸브 중간에 있는 밀봉판에 의하여 유로가 1(P)에서 4(A)로 연결되고, 2(A)에서 3(S)으로 배기된다.

전기 신호가 제거되면 스프링에 의하여 밸브는 원위치 되고 유로는 1(P)에서 2(B)로 연결되고, 4(A)에서 5(R)로 배기된다.

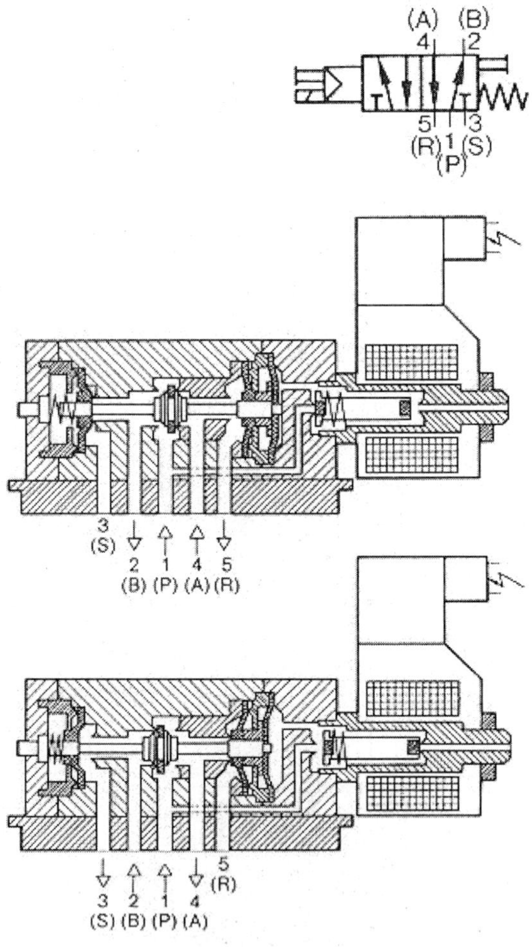

그림 6.19 5/2-way 간접작동형 편솔레노이드 밸브

■ 4/2-way 양솔레노이드 밸브, 간접작동형

이 밸브는 축방향 평면 슬라이드 밸브로 구성되어 있다. Y1에 전기 신호가 들어오면 밸브가 오른쪽으로 움직여서 압축공기가 1(P)에서 4(A)로 들어가고, 2(B)에서 3(R)으로 배기된다. Y2에 전기 신호가 들어오기 전까지는 현 상태를 유지한다. Y2에 전기 신호가 들어오면 밸브가 왼쪽으로 움직여서 압축공기가 1(P)에서 2(B)로 들어가고 4(A)에서 3(R)으로 배기된다. Y1 솔레노이드와 Y2 솔레노이드에 신호가 같이 들어오면 먼저 도달된 신호가 우선이다.

이 밸브는 복동 실린더를 제어할 때 사용되며, 한 번 입력된 제어 신호가 없어져도 반대편 제어 신호가 입력될 때까지는 그때의 위치를 유지하고 있으므로 메모리(memory) 기능이 있는 밸브라고 한다.

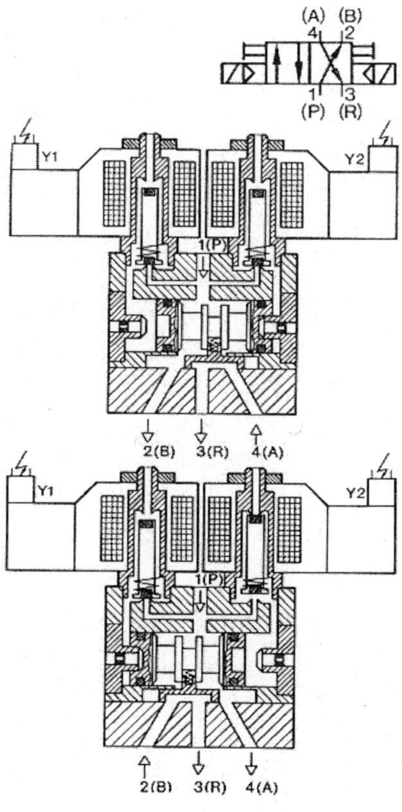

그림 6.20 4/2-way 간접작동형 양솔레노이드 밸브

■ 5/2-way 양솔레노이드 밸브, 간접작동형

이 밸브의 기능은 4/2-way 밸브와 유사하나 구조상 격판 작동식 시트 밸브로 구성되어 있다.

Y1에 전기 신호가 들어오면 유로가 1(P)에서 4(A)로 연결되고, 2(A)에서 3(S)으로 배기된다. Y2에 전기 신호가 들어오면 유로가 1(P)에서 2(B)로 연결되고, 4(A)에서 5(R)로 배기된다. 이 밸브도 역시 한 번 입력된 제어 신호가 없어져도 반대편 제어 신호가 입력될 때까지는 그때의 위치를 유지하고 있으므로 메모리(memory) 기능이 있다.

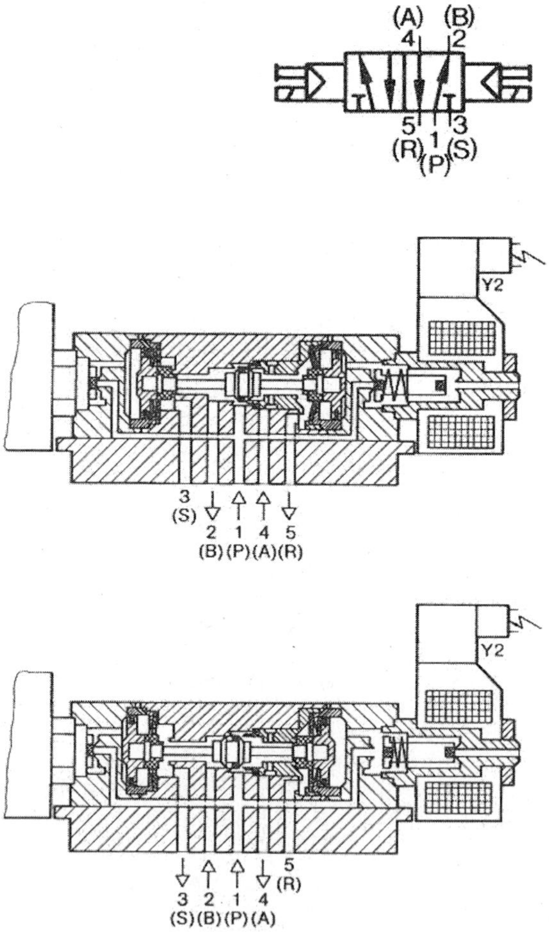

그림 6.21 5/2-way 간접작동형 양솔레노이드 밸브

6.4 교류와 직류 솔레노이드의 비교

■ 교류 솔레노이드

교류 솔레노이드는 교류의 여자 코일에 전기를 통하여 가동 철심을 움직임으로서 전기 에너지를 기계적 운동 에너지로 변환하는 전자석이다.

아마추어와 교류 솔레노이드의 이음부는 얇은 금속판으로 이루어져 있으며 구리 권선 및 철에서 와전류와 히스테리시스에 의해 열손실이 발생된다. 이를 최소화하기 위해서는 성층 철심을 사용하지만, 실제로는 상당량의 열이 발생된다.

교류 솔레노이드에 전원을 공급하면 돌입전류가 발생한다. 이 전류는 임피던스, 권선 저항, 인덕턴스에 좌우된다. 이 돌입전류 때문에 흡인력이 대단히 커서, 교류 솔레노이드는 스위치 on 시간이 상대적으로 짧다. 아마추어와 철심 사이의 공기 틈은 연속적인 전류 공급에 상당한 영향을 끼치므로 가능한 한 공극을 없애는 것이 좋다.

교류 솔레노이드의 **장점**을 열거하면 다음과 같다.

- 개폐 시간이 짧다.
- 흡인력이 크다.
- 대개 스파크 억제 회로가 불필요하다.
- 정류기가 필요하지 않다.

반면에 교류 솔레노이드가 갖는 **단점**을 열거하면 다음과 같다.

- 기계적 응력이 크다.
- 공기 갭(gap)이 있으면 온도가 심하게 상승하게 되고 과전류가 소비된다.
- 서비스 수명이 짧다.
- 공정에 좌우되지만 개폐 주기 수가 제한된다.
- 부저 울림과 같은 소음이 발생한다.
- 과부하, 저전압, 기계적 속박에 민감하다.

■ 직류 솔레노이드

직류 솔레노이드의 심은 철로 되어 있으며 철심에 의해 자장에 최적의 컨덕턴스를 공급한다. 동작할 때 발생되는 열은 코일의 저항과 전류에 의하여 결정된다.

직류 솔레노이드에 전압이 공급되면 전류는 서서히 증가하고 자장이 형성되는 동안 코일의 인덕턴스는 역기전력을 발생하여 직류 솔레노이드에 에너지가 채워진다. 유도 작용을 이용한 장치에 공급 중이던 전원을 차단하면 자장이 붕괴되고 그 결과 코일 전압의 여러 배인 유도 전압이 발생한다. 이러한 고유도 전압에 의하여 권선 절연에 손상이 발생하고 스파크에 의해 심각한 접점 마모가 발생된다. 이를 방지하기 위하여 스파크 억제회로를 삽입하는데, 이는 코일 내에 축적되어 있던 에너지의 방출시간을 늘려서 일순간에 일어나는 방전을 분산시키는 방법을 이용하는 것이다.

직류 솔레노이드의 **장점**을 열거하면 다음과 같다.

- 부드럽게 작동한다.
- 스위치가 on 되는 과정에 무리가 없다.
- 스위치 on 되는 전력이 낮다.
- 유지 전력이 낮다.
- 서비스 수명이 길다.
- 조용하다.

반면에 직류 솔레노이드가 갖는 **단점**을 열거하면 다음과 같다.

- 스위치를 off 시킬 때 과전압이 발생한다.
- 스파크 억제회로가 필요하다.
- 접점 마모가 크다.
- 개폐 시간이 더 길다.
- 교류 전압을 사용할 때에는 정류기가 필요하다.

■ 교류용 솔레노이드에 직류 전원 공급 시 문제점

교류 솔레노이드의 경우 저항은 유도 저항과 코일의 저항에서 기인한다. 그러나 직류 전원에서는 유도 저항이 발생되지 않으므로 이에 대한 방편으로 저항을 동기 보상 저항으로 대체하거나 작동 전압을 감소시키면 된다. 실제로 이런 회로는 너무 복잡해서 자료집에서 정확한 전압을 선정하여야 한다.

■ 직류용 솔레노이드에 교류 전원 공급 시 문제점

60Hz 주파수의 경우 교류 전류는 120번 방향을 전환하므로 철심에 와전류를 발생시키는데, 이것이 문제를 발생시킬 수 있다. 첫째로 전압이 0과 최대치 사이에서 진동하므로 흡인력이 손실되는 것이고, 둘째로 유도 현상에 의한 와전류의 발생으로 열이 발생하고 이에 의해 철심에 손상을 미칠 수 있다는 것이다.

CHAPTER 07

논리턴 밸브와 진공요소

논-리턴(non-return) 밸브는 어느 한 쪽 방향으로만 공기의 흐름을 허용하는 밸브이다. 논-리턴 밸브의 범주에는 한쪽 방향으로만 공기를 공급해주는 체크 밸브, OR 논리 기능을 만족시켜주는 셔틀 밸브, AND 논리 기능을 만족시켜주는 2압 밸브, 그리고 배기를 급속하게 해주어 실린더의 속도를 증가시킬 수 있는 급속 배기 밸브가 있다.

7.1 체크 밸브

체크(check) 밸브는 한쪽 방향으로는 공기의 흐름을 완전히 차단시키며, 그 반대 방향으로는 가능한 한 압력 손실을 적게 하여 공기가 흘러갈 수 있도록 한다. 공기의 흐름을 차단시키는 방법에는 원추(cone), 볼(ball), 판(plate), 또는 격판(diaphragm)이 사용된다. 체크 밸브에는 스프링 내장형과 스프링이 없는 것이 있는데 스프링이 없는 체크 밸브는 제한 요소에 작용하는 힘에 의해서 차단되는 기능을 갖고 있으며, 스프링 내장형 체크 밸브는 출구의 압력이 입구의 압력보다 크거나 같을 때에 스프링과 같은 대응되는 압력으로 차단시키는 기능이 있다. 체크 밸브는 한쪽 방향으로 거의 완벽하게 공기의 흐름을 차단시킬 수 있다. 체크 밸브는 단독으로 사용되기도 하지만 유량제어밸브와 같이 조합되어 반대측의 운동을 보장하는 바이-패스(by-pass) 기능으로 많이 사용된다.

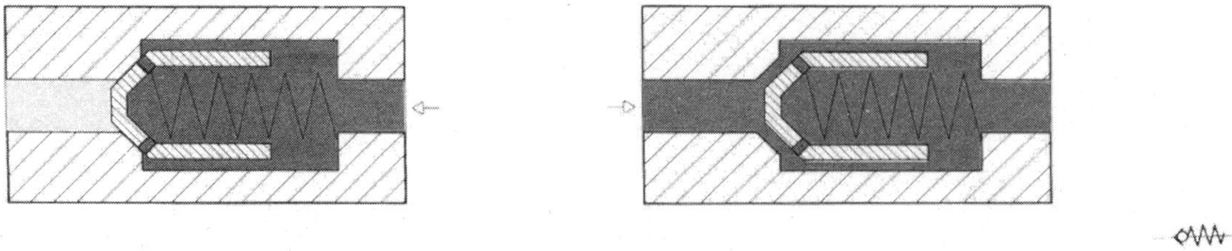

그림 7.1 체크 밸브

7.2 이압 밸브

이압(two pressure) 밸브는 두 개의 입구 X와 Y가 있으며 하나의 출구 A가 있다. 압축공기가 두 개의 입구 X와 Y에 모두 작용할 때에만 출구 A에 압축공기가 흐르게 된다. 만약 압력 신호가 동시에 작용하지 않으면 늦게 들어온 신호가 출구 A로 나가게 되며, 두 개의 압력 신호가 다른 압력일 경우에는 작은 압력 쪽의 공기가 출구 A로 나가게 된다. 이 밸브는 AND 요소로도 알려져 있으며 안전 제어, 검사 기능, 논리 작동 등에 사용된다.

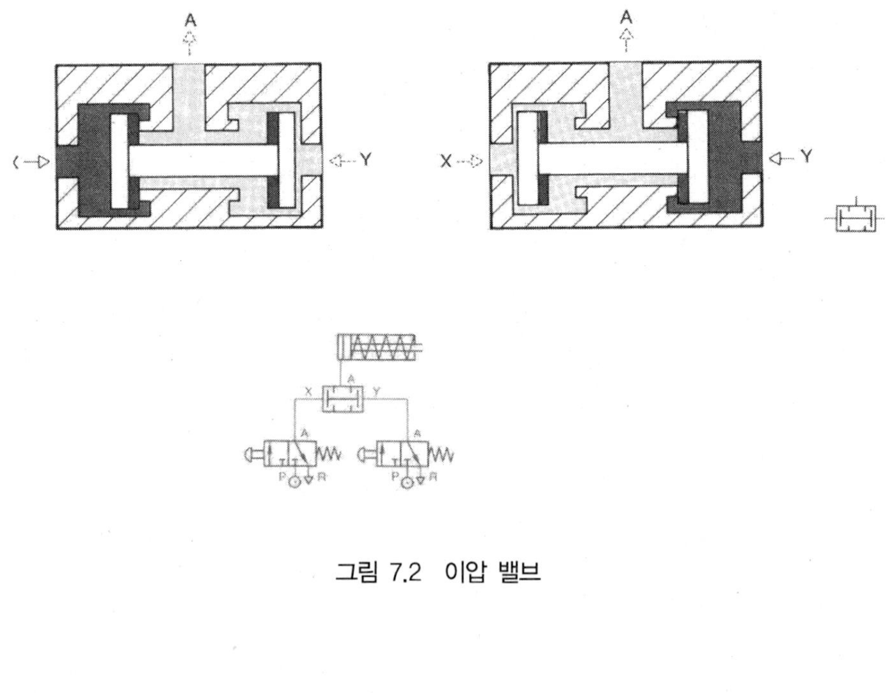

그림 7.2 이압 밸브

7.3 셔틀 밸브

셔틀(shuttle) 밸브는 양 제어(double control) 밸브 또는 양 체크(double check) 밸브라고도 한다. 이 밸브는 두 개의 입구 X와 Y를 갖고 있으며 출구는 A 하나이다. 만약 압축공기가 X에 작용하면 볼은 입구 Y를 차단시켜 공기는 X에서 A로 흐르게 되며, 압축공기가 Y에 작용하게 되면 공기는 Y에서 A로 흐르게 된다. 그리고 공기의 흐름이 반대로 되면, 즉 실린더나 밸브가 배기가 되면 볼은 압력 조건 때문에 동일한 위치를 유지하게 된다. 이 밸브는 논리 조건 중에서 OR 논리를 만족시켜 주기 때문에 OR 밸브라고도 불린다. 만약 실린더나 밸브가 두 개 이상의 위치로부터 작동되어야만 할 때에는 반드시 셔틀 밸브를 사용하여야 한다.

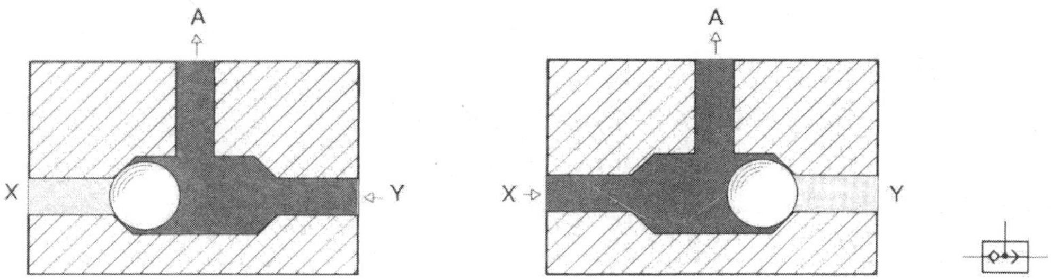

그림 7.3 셔틀 밸브

7.4 급속 배기 밸브

급속 배기 밸브는 실린더의 피스톤 속도를 증가시키는 데에 사용되며 특히 단동 실린더에서 귀환 행정 시간을 감소시켜 줄 수 있다. 이 밸브에서 압력이 P에 작용하면 밀봉 디스크는 배기구 R을 완전히 막게 되어 압축공기는 A로 흐르게 된다. 그리고 P에 공급되던 압축공기가 제거되면 A로부터 들어오는 공기에 의해 밀봉 디스크가 P를 막게 되어 배기되는 공기는 R을 통하여 직접 배기된다. 이 밸브는 실린더에 직접 연결하거나 가능한 한 실린더에 가깝게 설치하여야 한다.

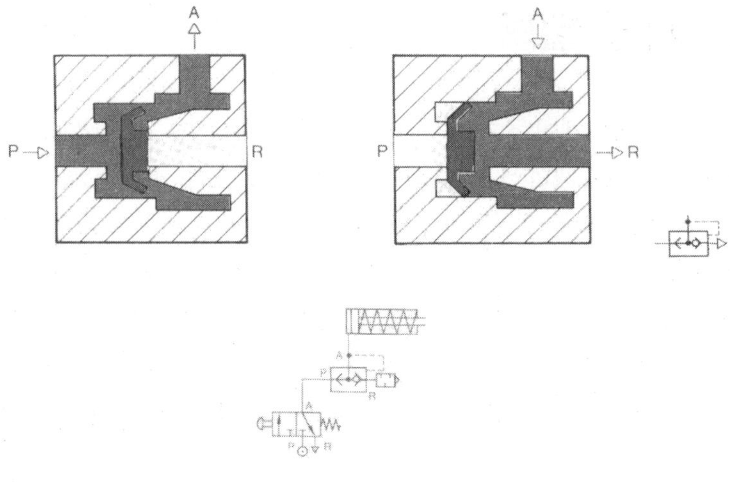

그림 7.4 급속 배기 밸브

■ 공압 충격 방출기

압축공기는 가공물은 배출시키는 작업에 오랫동안 사용되어 왔으나 공기 소모량이 많은 것이 단점이었다. 이런 곳에서 공압 충격 방출기(pneumatic impulse ejector)를 사용하면 매우 효과적인 작업을 할 수 있다. 충격 방출기는 급속 배기 밸브가 붙어 있는 탱크로 되어 있다. 탱크의 체적은 요구되는 공기량에 맞도록 선택해야 한다. 제어 신호는 3/2-way 밸브에 의하여 주어진다. 처음 시작 위치에서 밸브는 열려 있게 되며 압축공기는 3/2-way 밸브와 급속 배기 밸브를 통하여 탱크 속으로 흐르게 되어 탱크를 가득 채우게 된다. 3/2-way 밸브가 작동하면 압축공기가 탱크 속으로 흐르는 것은 중단되며 탱크 속의 공기는 급속 배기 밸브를 통하여 빠르게 대기 중으로 방출된다. 이와 같은 농축된 공기의 흐름은 치공구, 펀칭기, 컨베이어 벨트, 분류기 또는 포장기계로부터 공작물을 분출시키거나 뽑아내게 된다.

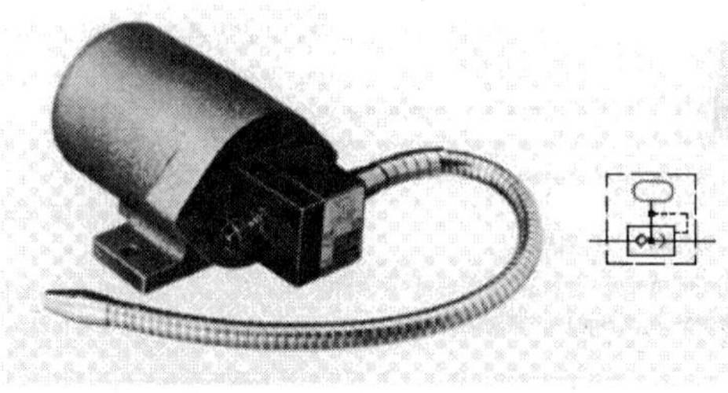

그림 7.5 충격 방출기

7.5 진공 요소

일반적으로 고진공을 얻기 위해서는 진공 펌프가 사용된다. 그러나 일반적인 진공 작업에서는 진공 노즐과 흡착 컵을 사용하여 작업에 이용한다. 진공 노즐이 진공을 형성하기 위해서는 계속해서 압축공기가 공급되어야 하므로 공기 소모량이 많아진다. 따라서 진공 발생 시간이 매우 길지 않거나 진공을 사용하는 개수가 적어 진공 펌프를 설치할 정도가 아닌 경우에 진공 노즐이 많이 사용된다.

■ 진공 노즐

진공 노즐은 흡착 컵을 부착하여 여러 종류의 물체를 운반하는 데에 사용된다. 진공 노즐은 벤츄리(venturi) 원리에 의하여 작동된다. 즉 그림 7.6에서처럼 입구 P로 공급된 공기는 R쪽으로 가면서 통로가 좁아지기 때문에 속도가 증가하게 되고 압력은 떨어지게 된다. 따라서 대기압 보다 낮아진 통로에 흡착 컵을 달아 작업에 이용한다. P에 공급되던 공기를 중단시켜 주면 진공이 사라지고 물체는 자중에 의하여 흡착 컵으로부터 분리된다.

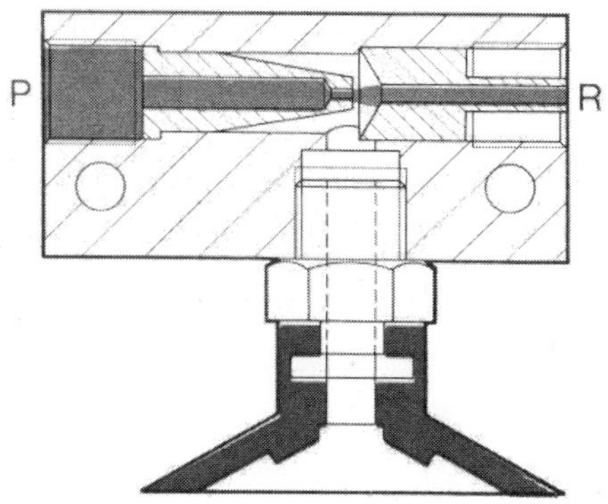

그림 7.6 진공 노즐

■ 배출 기능 내장형 진공 노즐

경우에 따라서 얇은 판이나 약간 끈적한 물체들은 진공이 없어진다 하더라도 흡착 컵으로부터 쉽게 분리되지 않는다. 이러한 경우에는 작은 공기탱크와 급속 배기 밸브가 내장된 진공 노즐을 이용한다. 이 진공 노즐에서는 P에 공급되던 공기가 중단되면 작은 탱크에 차 있던 공기가 급속 배기 밸브를 통하여 흡착 컵으로 배출되므로 물체를 강제로 분리시켜 주게 된다.

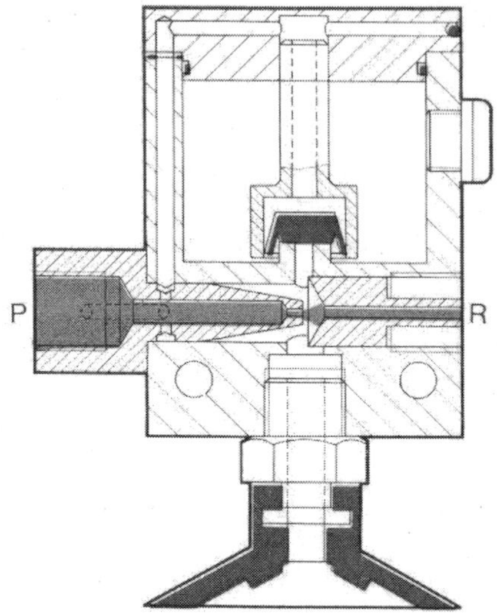

그림 7.7 배출 기능 내장형 진공 노즐

■ 흡착 컵

흡착 컵(suction cup)은 진공 노즐에서 형성된 진공을 흡착 컵의 면적에 작용시켜 물체를 잡아주는 역할을 해준다.

흡착 컵은 **보통형**과 **벨로우즈(bellows) 형**이 있다. **보통형**은 평탄하게 공급되는 물체를 잡아 주기 위하여 사용되며, **벨로우즈 형**은 약간 경사져서 공급되는 물체를 주름을 이용하여 보정하여 잡아 준다.

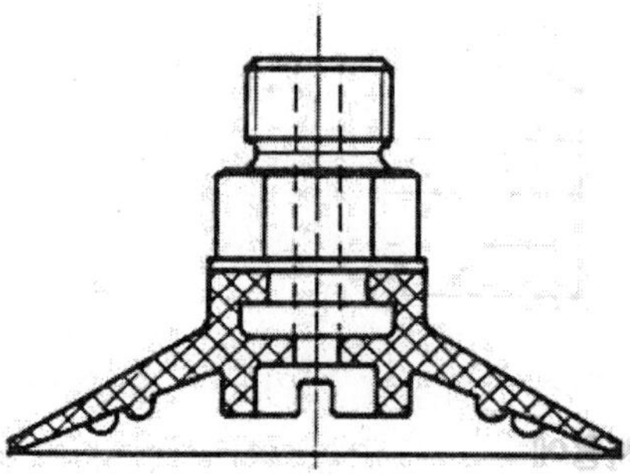

그림 7.8 흡착컵

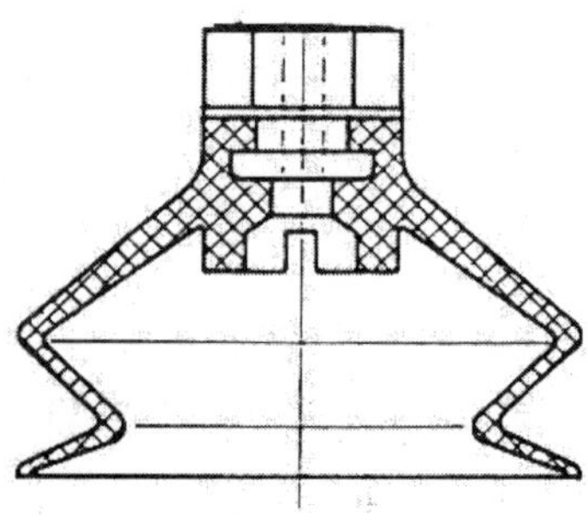

그림 7.9 벨로즈형 흡착컵

■ 진공 요소를 이용한 운반 하중

진공 노즐과 흡착 컵을 이용하여 운반할 수 있는 무게는 다음과 같은 식을 이용하여 계산할 수 있다.

$$W = \frac{0.08 \cdot A}{s}$$

여기에서 W : 운반 중량(N)

0.08 : 진공도(MPa)

A : 흡착 컵의 면적(m^2)

s : 안전율(수평 작업인 경우에는 2

수평작업 이외의 작업이 포함된 경우에는 4)

CHAPTER 08

유량제어밸브와 압력제어밸브

유량 제어 밸브는 공기의 흐르는 양을 조절할 목적으로 사용되는데 대부분의 경우 실린더의 속도를 제어하는 곳에 사용된다. 실린더의 속도는 무단으로 조절하여 사용할 수 있으며 실린더의 공기 공급 측이나 배기 측에 유량 제어 밸브를 설치하여 조절한다.

압력 제어 밸브는 압력에 영향을 미치거나 압력의 크기에 의해 제어되는 요소로서 종류에는 압력 조절기, 압력 제한 밸브, 압력 시퀀스 밸브 등이 있다.

8.1 교축 밸브

교축(throttle) 밸브는 유량 제어에 방향성이 없는 밸브이다. 즉, 양쪽 방향의 공기 흐름에 모두 영향을 미친다. 이 밸브가 실린더와 방향 제어 밸브 사이에 설치되면 실린더의 전·후진 속도에 모두 영향을 미치므로 주의하여야 한다.

■ 초크와 오리피스 교축

흐름의 단면적을 감소시켜 관로 내 공기 흐름에 대하여 저항을 갖도록 한 기구를 교축(restriction)이라고 한다. 그림 8.1과 같이 줄어든 관로의 길이 L이 단면 치수 D보다 비교적 긴 것을 초크(choke) 교축이라고 하며 그림 8.2와 같이 길이 L이 단면 치수 D에 비하여 비교적 짧은 것을 오리피스(orifice) 교축이라고 한다. 그리고 이와 같이 공기가 밸브, 콕(cock), 작은 구멍 등 좁은 통로를 흐를 때 마찰이나 난류의 흐름 등으로 압력이 낮아지는 현상을 스로틀링(throttling)이라고 한다.

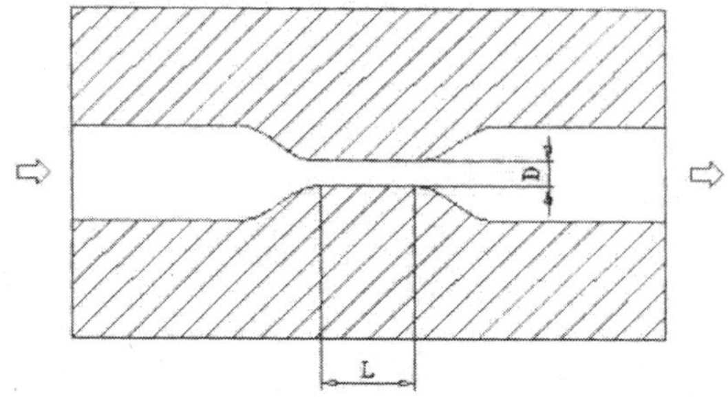

그림 8.1 초크 교축

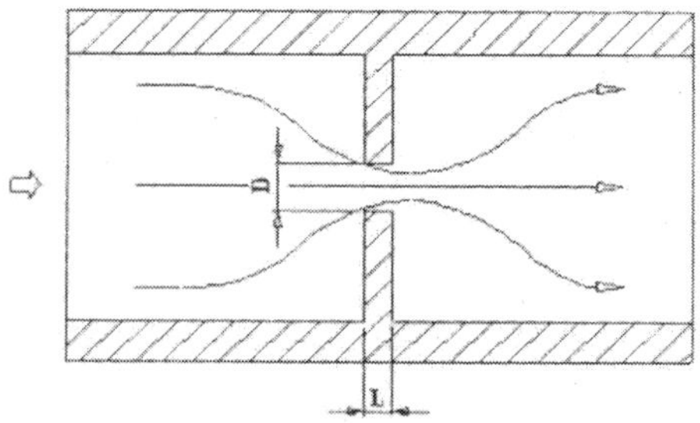

그림 8.2 오리피스 교축

8.2 일방향 유량제어밸브

일방향 유량제어밸브는 교축 밸브와 체크 밸브가 결합된 밸브로서 주로 실린더의 속도 조절에 사용되기 때문에 속도 조절 밸브로 더 잘 알려져 있다. 이 밸브는 체크 밸브가 한쪽 방향의 공기의 흐름을 차단하기 때문에 다른 한쪽 방향으로만 공기가 흘러갈 수 있고, 조절 나사에 의해서 통과 유량이 조절되므로 속도가 제어된다. 이러한 이유로 이 밸브를 속도 제어 밸브(speed control valve)라고 부르기도 한다.

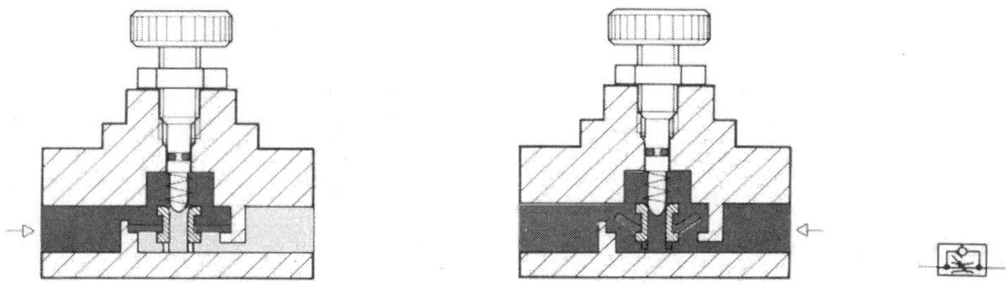

그림 8.3 일방향 유량제어밸브

8.3 실린더의 속도 조절

실린더의 속도를 조절하는 방법에는 실린더로 들어가는 공기의 양을 조절하는 공급 공기 조절 방식과 실린더로부터 배기되는 공기의 양을 조절하는 배압 조절 방식이 있다.

■ 공급 공기 조절 방식

공급 공기 조절 방식은 실린더로 공급되는 공기의 양을 조절하여 실린더의 속도를 제어하는 방법으로 미터-인(meter-in) 방식이라고도 한다. 이 방식에서의 배기는 체크 밸브를 통하여 이루어진다.

공급 공기 조절 방식은 실린더로 공급되는 공기로만 제어되므로 실린더가 운동할 때 실린더 내에 형성되는 압력은 실린더에 작용하는 부하에 의해 결정된다. 실린더에 걸리는 부하가 크면 실린더 내의 압력이 증가하고 부하가 작으면 작은 압력만이 형성되면서 움직이게 된다. 따라서 실린더에 작용하는 부하에 따라 실린더에 형성되는 압력도 변화되기 때문에 작은 하중의 변화에도 실린더의 속도가 크게 변하는 단점이 있다. 그러므로 이 방식은 단동 실린더의 속도 제어나 체적이 아주 작은 실린더의 속도 제어 정도에만 사용된다.

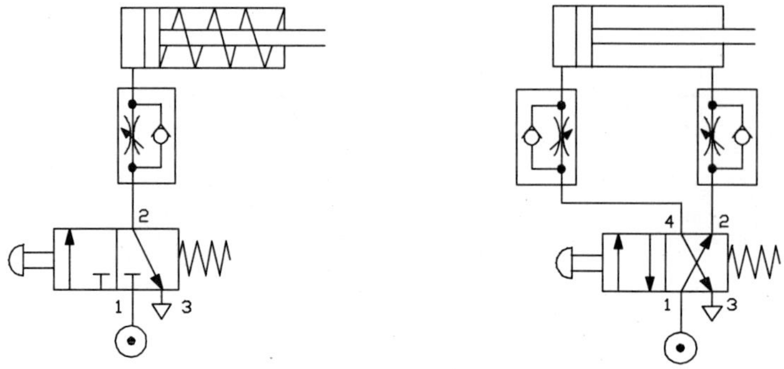

그림 8.4　공급 공기 조절 방식

■ 배압 조절 방식

배압 조절 방식은 실린더로부터 배기되는 공기의 양을 제한하여 속도를 조절하는 방법으로 미터-아웃(meter-out) 방식이라고도 한다. 이 방식은 실린더의 피스톤 양쪽에 압축공기가 존재하므로 공급 공기 조절 방식보다는 안정된 속도를 얻을 수 있고 실린더에는 충분한 공기가 공급되므로 부하의 변동에 큰 영향을 받지 않는다. 실제로 배압 조절 방식에서는 실린더에 작용하는 부하를 실린더가 낼 수 있는 힘의 60% 이내로 제한하면 균일한 속도를 얻을 수 있다. 그러므로 실린더의 크기를 선정할 때에도 실린더에 작용하는 최대 동하중(dynamic load)이 실린더가 낼 수 있는 힘의 60% 범위 안에 들도록 하는 것이 좋다. 그러나 배압 조절 방식은 피스톤이 출발할 때에 균일한 배압이 형성되지 않으므로 공급 공기 조절 방식보다는 초기 속도가 불안한 단점이 있다. 이러한 단점을 극복할 수 있는 최선의 방법은 가능한 한 유량 제어 밸브를 실린더에 가깝게 설치하는 것이다.

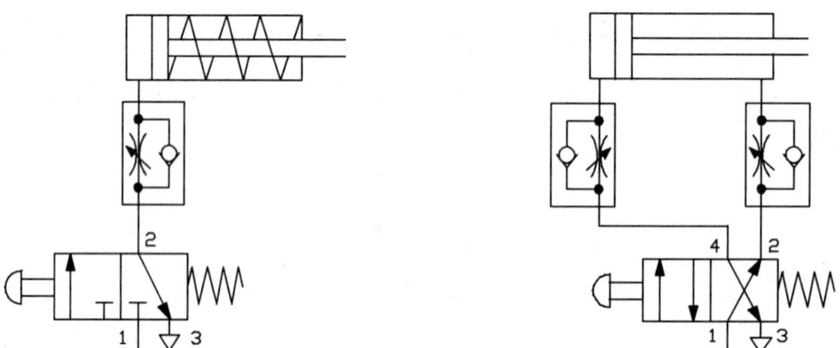

그림 8.5　배압 조절 방식

실린더의 속도를 제어하는데 있어서 대부분의 경우 교축 밸브보다는 체크 밸브가 내장된 교축 릴리프 밸브(일명 스피드 컨트롤러)를 사용하는데 원하는 운동 방향의 속도 조절을 위해서는 체크 밸브의 방향에 주의하여 설치하도록 한다.

■ 4/2-way 밸브와 교축 밸브

실린더의 전·후진 운동을 4/2-way 밸브로 제어하고 교축 밸브를 사용하여 속도를 조절할 경우에는 교축 밸브를 어느 곳에 설치하여도 전 · 후진 운동 모두 영향을 받게 된다. 따라서 이러한 경우에는 체크 밸브가 내장된 교축 릴리프 밸브를 사용하여야만 반대편의 운동을 자유롭게 허용할 수 있다.

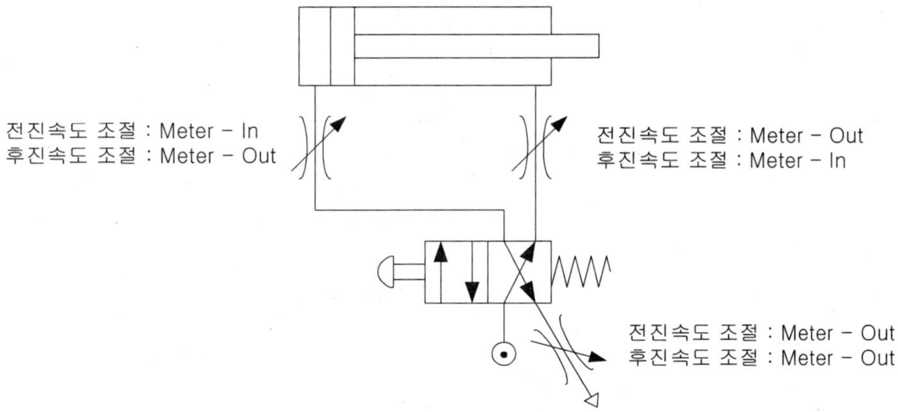

그림 8.6 4/2-way 밸브와 교축 밸브

■ 5/2-way 밸브와 교축 밸브

실린더의 전·후진 운동을 5/2-way 밸브로 제어하고 교축 밸브를 사용하여 속도를 조절할 경우에는 교축 밸브를 어느 곳에 설치하느냐에 따라 기능이 달라진다. 즉, 교축 밸브를 실린더와 방향 제어 밸브 사이에 설치하면 전·후진 운동 모두에 영향을 받지만 방향 제어 밸브의 배기공에 설치하게 되면 전·후진 운동의 속도를 따로따로 제어할 수 있다.

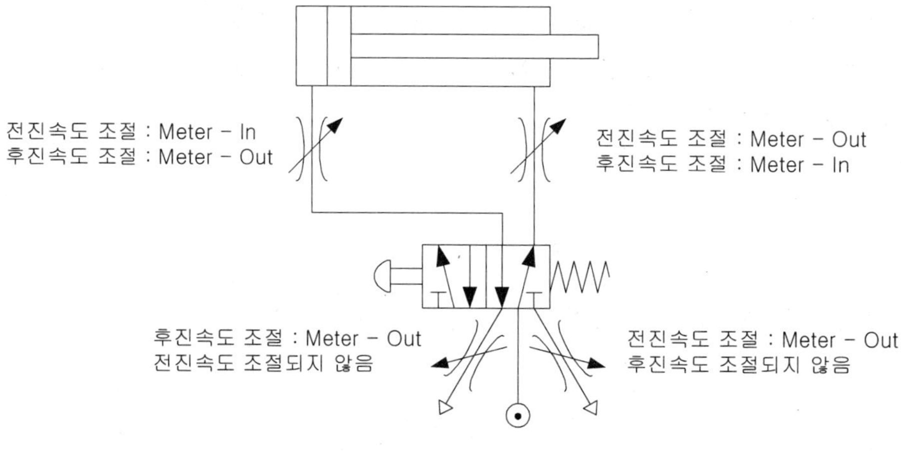

그림 8.7 5/2-way 밸브와 교축 밸브

8.4 압력 조절기

압력 조절기의 목적은 압력을 일정하게 유지하는 것이다. 즉, 공급 압력이 변동되더라도 실린더나 공압 모터 등의 작업 요소에 공급되는 압력을 일정하게 유지하여 작업의 향상성을 유지하려 함이다. 압력 조절기는 높은 압력을 일정한 낮은 압력으로 바꾸어 주므로 감압 밸브라고도 한다. 압력 조절기에는 배기공이 있는 압력 조절기와 배기공이 없는 압력 조절기의 두 가지 형태가 있다. 유압에서는 이러한 기능에 대응되는 밸브를 감압 밸브라고 하고 매체의 특성상 복귀 라인이 없는 감압 밸브는 사용될 수 없으나 공압에서는 두 가지 형태의 밸브가 모두 사용되고 있다.

■ 배기공이 있는 압력 조절기

압력 조절기의 목적은 높은 압력의 공급압력(1차 압력)을 일정한 작동압력(2차 압력)으로 유지시키는 것이다. 공기의 압력은 격판에 의하여 조절되며 출구 측의 압력이 격판에 작용하고 다른 쪽에는 스프링이 작용한다. 스프링 힘은 조절나사로 조절될 수 있다. 출구 측 압력이 높아지면 격판이 스프링을 눌러 밸브 시트의 바깥 단면을 감소시키거나 완전히 닫아 버린다. 그러므로 압력은 유통 체적에 의하여 조절된다.

공기량이 줄어들면 2차 압력이 떨어지고 스프링 힘에 의하여 밸브가 열리게 된다. 진동을 방지하기 위하여 밸브 디스크 위에 스프링이 장치되어 있으며 2차 압력은 압력계에 나타나게 된다. 2차 측의 압력이 현저히 증가되면 격판의 중간 부분이 열려 압축공기는 배기공을 통하여 대기 중으로 방출된다.

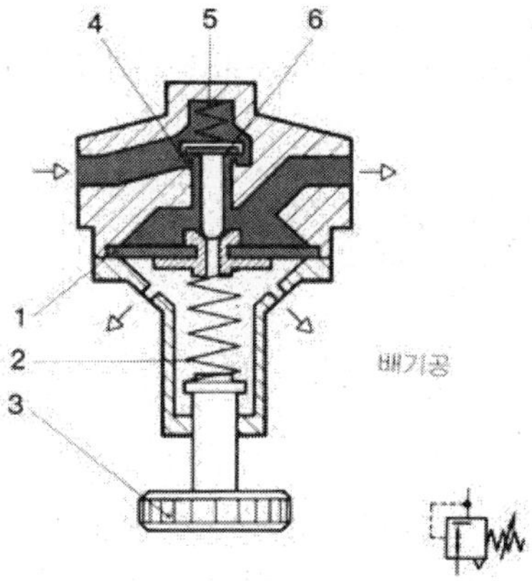

그림 8.8 배기공이 있는 압력 조절기

■ 배기공이 없는 압력 조절기

가장 많이 사용되는 형태이며 압축공기가 밖으로 배기되는 것이 불가능하다. 조절나사에 의하여 스프링과 격판도 응력을 받게 되며 스프링을 조절함에 따라 1차 측에서 2차 측으로의 흐름이 커지거나 작아진다. 동시에 플런저도 격판과 함께 움직이게 된다. 만약 공기가 2차 측에서 빠지지 않으면 압력이 올라가서 격판을 압축 스프링 쪽으로 밀게 된다. 그러면 스프링이 플런저를 아래쪽으로 움직이게 하여 공기의 흐름이 끊어지게 된다. 압축공기는 공기가 2차 측에서 빠질 때에만 계속해서 흐른다.

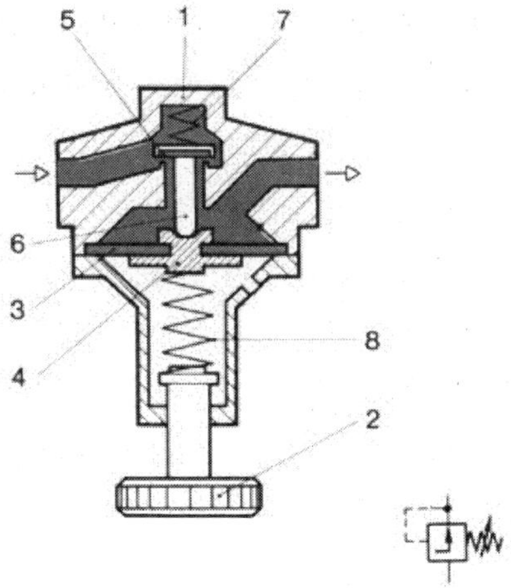

그림 8.9 배기공이 없는 압력 조절기

8.5 압력 제한 밸브

압력 제한 밸브는 주로 안전밸브로 사용되며 공압 시스템 내의 압력이 최대 허용 압력을 초과하는 것을 방지해 준다. 만약 밸브 입구의 압력이 설정된 최대 압력에 도달하게 되면 밸브의 출구가 열려서 공기는 배기 중으로 빠져나가게 된다. 이 밸브는 주로 압축공기 생산 플랜트에서 압축공기의 압력을 제한하는데 사용된다.

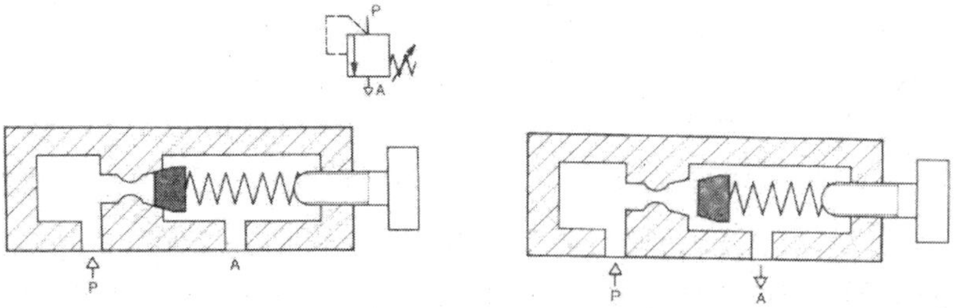

그림 8.10 압력 제한 밸브

8.6 압력 시퀀스 밸브

압력 시퀀스(pressure sequence) 밸브의 작동 원리는 압력 제한 밸브의 동작 원리와 유사하다. 만약 압력이 스프링에 설정된 압력을 초과하게 되면 밸브가 열리게 되어 공기는 P에서 A로 흐르게 된다. 즉, 파이롯 라인 Z가 미리 설정된 압력에 도달하게 되면 파일롯 스풀이 움직여서 P에서 A로 통하는 통로가 열리게 된다. 이 밸브는 스위칭 작용에 특별한 압력이 요구되는 곳에 사용된다.

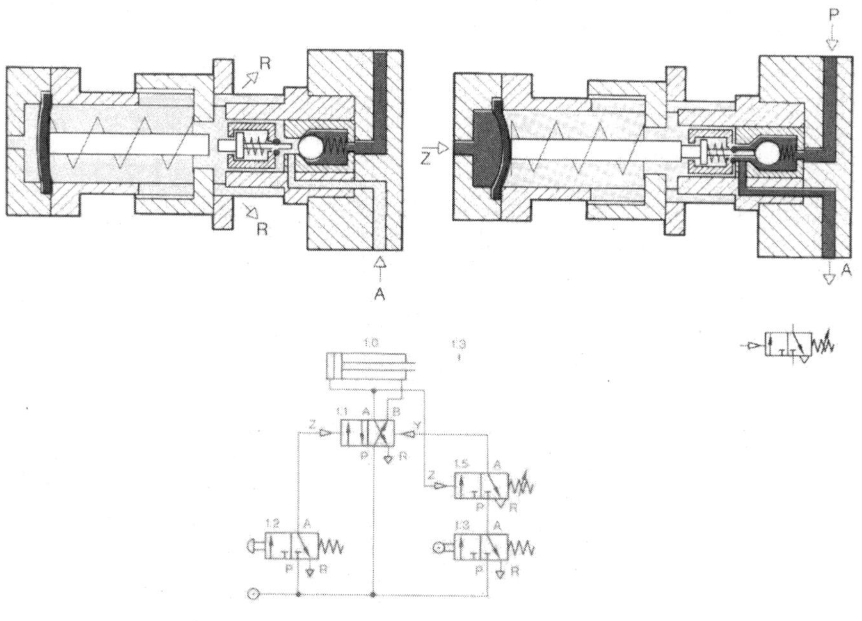

그림 8.11 압력 시퀀스 밸브

CHAPTER 09

공압 기본 회로

공압 회로도를 설계하는 데에는 많은 방법이 있으나 이 모두가 기본적인 회로들의 조합이므로 이러한 기본적인 회로도를 정확하게 이해하여야 한다. 또한 기본 회로를 통해서 여러 가지 부품의 사용과 적용 범위에 대해서도 충분한 이해가 필요하다.

9.1 공압 제어 회로의 기초

■ 회로도의 구성

회로도의 배치는 순서도와 일치하여야 한다. 즉, 신호의 흐름은 밑에서부터 위로 이어져야 한다. 에너지 공급원은 회로도에서도 중요하듯, 순서도에도 포함되어야 한다. 에너지 공급에 필요한 모든 요소는 제일 밑에 그려야 하며 에너지는 밑에서부터 위로 분배되도록 한다. 회로도가 큰 경우에는 모든 에너지 공급부(서비스 유닛, 차단 밸브, 분배 연결기 등)를 분명하게 하기 위하여 회로도에서 이들은 한 부분으로 분리해서 나타내고, 각 요소에 대한 에너지의 연결은 ◎로 표시한다.

회로도를 작성할 때에는 요소들의 실제 배치는 생각하지 않고 회로도를 작성해야 하며 모든 실린더와 방향 제어 밸브는 수평으로 그리도록 한다. 예를 들어 복동 실린더가 수동 버튼이나 페달에 의하여 작동되어 전진 운동을 완료한 후에 리밋 밸브의 신호를 받아 후진 운동하는 회로를 그림 9.1에 나타내었다.

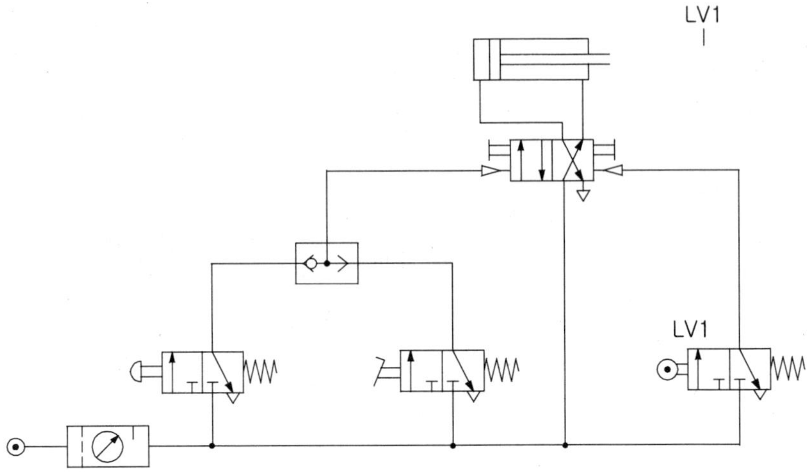

그림 9.1 실린더의 전후진 운동 제어 회로도

그림 9.1에서 순서도와 배열은 일치하지만 회로도에 그려진 위치와 실제 부품의 설치 위치와는 서로 다르다. 이 회로도에서 밸브 LV1은 실린더의 전진 완료 위치에 설치된다. 그러나 이 요소는 신호 요소이므로 회로도의 아래 부분에 그린다. 실제 배치를 확실히 하기 위하여 실체 위치를 그림 9.1에서와 같이 짧은 수직선으로 표시한다. 방향성 롤러 레버와 같이 한쪽 방향으로만 작동이 되는 경우 화살표로 그 밸브의 작동 방향을 표시하여 준다. 제어 시스템이 복잡하고 여러 개의 구동 요소가 있을 경우에는 제어 시스템을 각각의 요소에 대하여 구분해서 나타내며 이 순서는 작동 순서와 같은 차례로 그려야 한다.

■ 공압 요소의 표시 방법

제어 시스템이 복잡하고 여러 개의 구동 요소가 있을 경우에는 각각의 요소를 구분하여 표시할 수 있어야 한다. 공압 요소의 표시 방법에는 숫자를 이용하는 방법과 문자를 이용하는 방법이 있다.

여러 가지 숫자 표시법이 있지만 다음의 두 가지 유형이 많이 사용된다.

(1) 일련 번호 표시법

제어 시스템이 복잡하거나 한 사이클 안에 특정 실린더가 여러 번 운동할 때 사용한다.

(2) 그룹 번호 표시법

제어 그룹을 나누어서 표시하는 방법으로 그룹 내에서 일련번호로 구성된다.

① 그룹의 분류

그룹 0 : 에너지 공급요소

그룹 1, 2, 3 … : 각 제어 시스템을 표시.

(일반적으로 하나의 실린더가 한 개의 그룹임)

② 그룹 내에서의 일련 번호 체계

0 : 구동 요소

1 : 제어 요소

2, 4 … : 관계되는 구동 요소의 전진 운동에 영향을 미치는 모든 요소

3, 5 … : 관계되는 구동 요소의 후진 운동에 영향을 미치는 모든 요소

01, 02 : 교축 밸브와 같이 제어 요소와 구동 요소의 사이에 있는 요소

그림 9.1에 숫자 표시법의 요소 번호를 부여하면 그림 9.2와 같다.

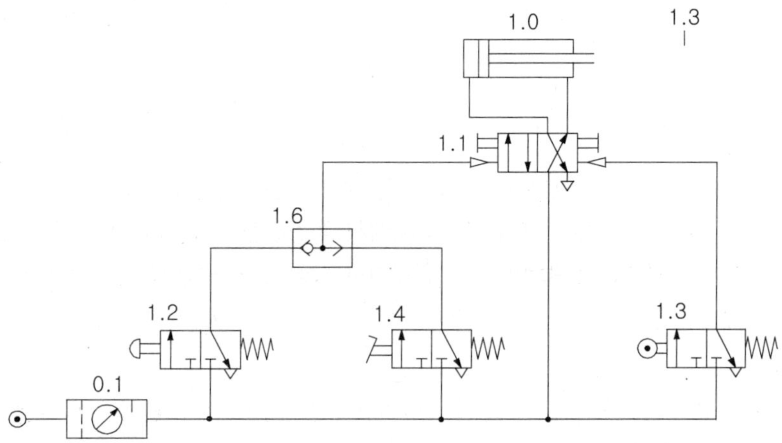

그림 9.2 숫자 표시법

숫자 표시법을 일반화하면 그림 9.3과 같다.

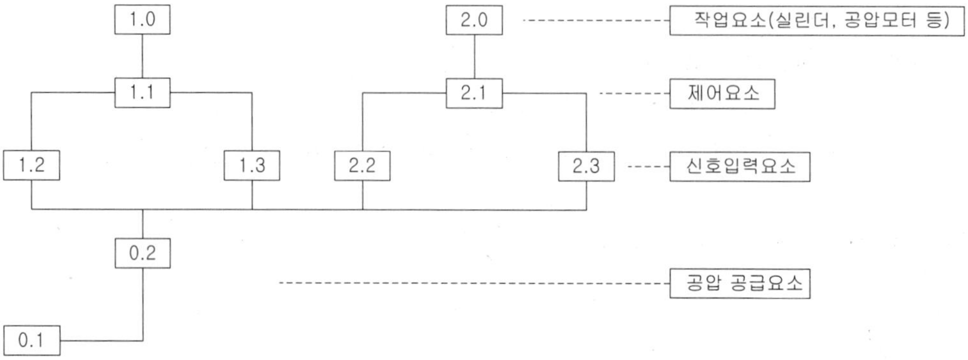

그림 9.3 숫자 표시법에 의한 공압 요소의 표현

문자 표시법은 회로도를 질서 정연하게 배열하려고 할 때 사용된다. 이 방법을 사용함으로서 회로도의 검토와 배열 등을 쉽고 분명하게 할 수 있다.

구동 요소는 대문자로 표시하고 신호 요소와 리밋 밸브는 소문자로 표시한다. 숫자 표시법과는 달리 리밋 밸브와 신호 요소는 그룹에 속하지 않고 그 요소를 작동시키는 구동 요소에 따라 표시가 결정된다.

A, B, C … : 실린더나 회전 장치와 같은 구동 요소의 표시
a0, b0, c0 … : A, B, C 실린더의 후진위치에서 작동하는 리밋 밸브나 신호 요소의 표시
a1, b1, c1 … : A, B, C 실린더의 전진위치에서 작동하는 리밋 밸브나 신호 요소의 표시

그밖에도 숫자 표시와 문자 표시를 같이 사용하는 것도 가능하다. 복잡한 부품의 설치와 배관 등은 첨자를 붙여서 요소 표시와 연계시킬 수 있다.

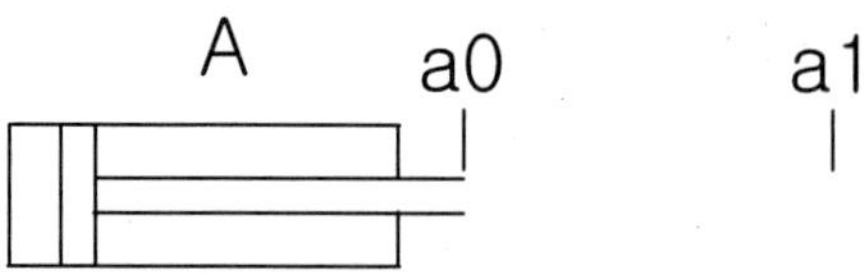

그림 9.4 문자 표시법

■ 공압 요소의 상태 표시법

모든 요소는 회로도에서 제어계가 작동을 시작하는 상태로 표시되어야 하며 이것이 불가능할 경우에는 적절한 주석을 달아야 한다. 만약 초기 위치에서 밸브가 작동된 상태일 경우에는 이것을 화살표, 또는 다른 방법으로 작동된 상태라는 것을 표시해 주어야 한다.

밸브에 어떠한 외력도 작용하지 않고 혼자 놓여 있을 때 밸브에 내장되어 있는 스프링 등에 의하여 유지되는 위치를 정상 위치라고 한다. 이에 반하여 밸브를 시스템 내에 설치하고 작업을 시작하려고 할 때 갖는 위치가 초기 위치가 된다. 이때에 압축공기나 전기와 같은 에너지는 아직 공급이 되지 않고 모든 수동 조작 스위치는 작동되지 않은 상태이며 작업할 대상물인 피가공물은 존재하는 상태이다. 그러므로 제어 회로도에서는 모든 밸브가 초기 위치 상태로 그려져야 한다. 그림 9.5는 정상상태 닫힘형 리밋 밸브의 기호이며 이것이 초기 위치에서 작동된 상태로 있음을 표시한다.

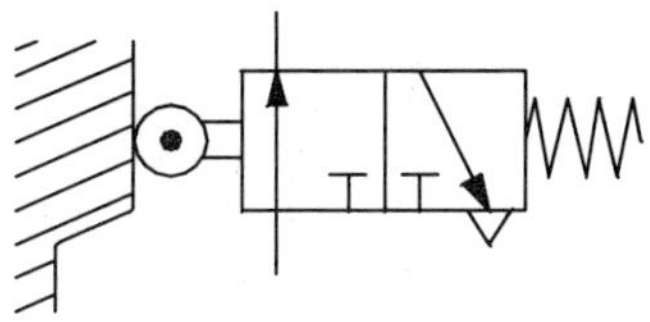

그림 9.5　리밋 밸브의 초기 위치 표시

■ 공압 제어 회로도 구성 요약

- 회로도의 배치는 순서도와 같이 하고 신호는 가능하면 아래에서 위로 흐르도록 한다.
- 에너지도 아래에서 위로 공급되도록 하고 간결하게 표시한다.
- 요소들의 실제 배치는 무시한다. 그러나 실린더와 방향 제어 밸브는 될 수 있으면 수평으로 그린다.
- 모든 요소는 실제 설비나 회로도에서 같은 표시 기호를 사용한다.
- 신호의 위치를 표시하고 신호가 한 방향으로만 흐를 때 이것을 화살표로 표시한다.
- 요소들은 초기 상태로 그리고 초기 상태가 작동된 상태일 경우에는 이것을 표시해야 한다.
- 기호는 실제 설비의 부품에 그려진 것과 같도록 한다.
- 가능하면 배선은 교차점이 없도록 하고 직선으로 그린다. 필요한 경우에는 배선의 명칭을 표시한다.
- 필요하다면 기술적 자료를 기입하고 시스템의 작동 순서, 유효 가동 조건과 수리 부속품 등을 명기한다.

9.2 방향 제어 밸브를 사용한 기본 회로

■ 단동 실린더의 제어

푸시 버튼을 누르면 단동 실린더의 피스톤이 전진하고 푸시 버튼을 놓으면 피스톤이 후진한다. 이 제어 시스템에서는 그림 9.6과 같이 후진 운동 시에 실린더 안의 공기를 배기하기 위하여 3/2-way 밸브를 사용하여야 한다.

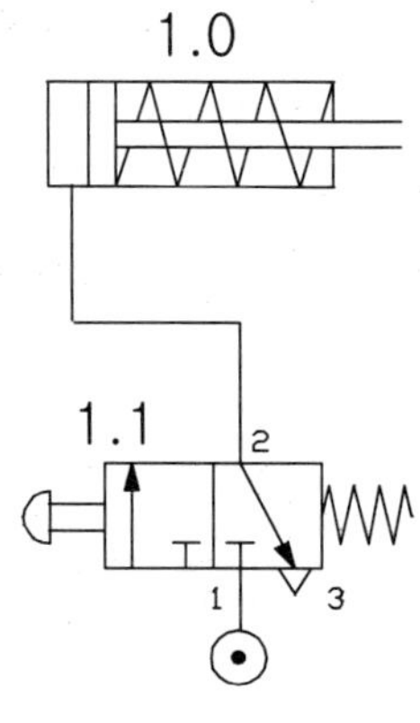

그림 9.6 단동 실린더의 제어

■ 복동 실린더의 제어

푸시 버튼을 누르면 복동 실린더의 피스톤이 전진하고 푸시 버튼을 놓으면 피스톤이 후진한다. 이 제어 시스템에서는 그림 9.7과 같이 4/2-way 밸브나 5/2-way 밸브를 사용할 수 있다. 5/2-way 밸브를 사용하면 전진과 후진 시에 따로따로 배기를 할 수 있다.

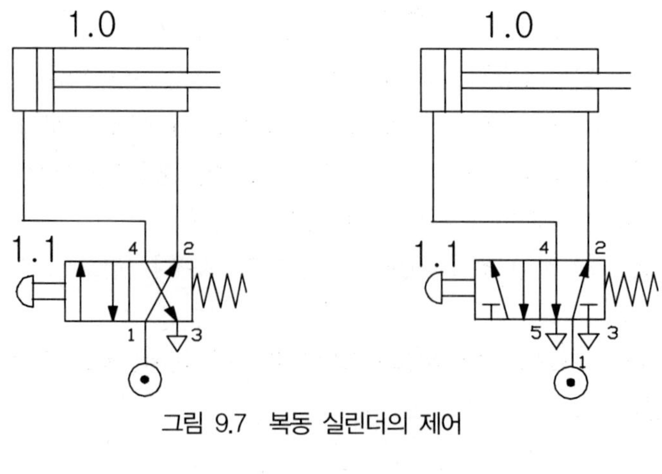

그림 9.7 복동 실린더의 제어

■ 단동 실린더의 간접 제어

단동 실린더가 큰 경우에는 이를 직접 제어할 수 있는 푸시 버튼형 밸브가 없다. 따라서 이러한 경우에는 단동 실린더를 간접적으로 제어해 주어야 한다. 밸브 1.1은 실린더의 크기에 알맞은 용량의 것을 사용해야 하지만, 푸시 버튼 1.2는 용량이 작아도 된다. 주 밸브 1.1과 실린더로 연결되는 배관은 짧게 할 수 있고 이로 인해 불필요한 공간과 공기 소모를 줄일 수 있다. 푸시 버튼 1.2와 주 밸브 1.1은 구경이 작은 관으로 연결된다. 푸시 버튼 1.2는 크기가 작아서 조작하기 쉽고 스위칭 시간도 줄어든다.

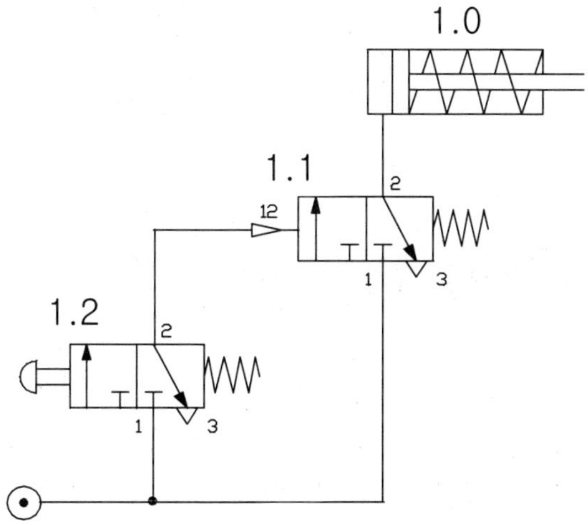

그림 9.8 단동 실린더의 간접 제어

■ 복동 실린더의 간접 제어

복동 실린더가 밸브 1.2와 1.3에 의하여 제어된다. 밸브 1.2를 작동하면 실린더가 전진하고 실린더가 전진할 때 1.2를 놓아도 실린더는 계속해서 전진운동을 한다. 밸브 1.3을 작동시키면 실린더는 후진운동을 한다. 이 경우에도 복동 실린더가 크다면 이를 직접 동작시킬 수 있는 푸시버튼 밸브가 없으므로 간접적으로 제어하여야 한다. 1.1 밸브로 4/2-way, 스프링 복귀형 밸브가 사용된다면 단동 실린더의 간접 제어처럼 푸시버튼 밸브 하나로서 실린더를 전후진 시킬 수 있다.

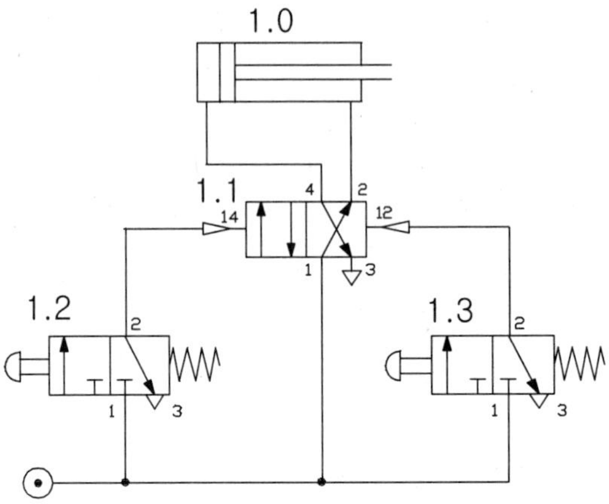

그림 9.9 복동 실린더의 간접 제어

9.3 자기 유지 회로

스프링이 내장되어 있지 않은 양쪽 압축공기 동작형 밸브는 일단 제어 신호가 입력되면 제어위치가 변경되고, 제어 신호가 중단되어도 반대쪽으로 신호가 입력되기 전 까지는 그 상태를 유지하고 있다. 따라서 이러한 밸브는 메모리 기능이 있다고 말한다. 반면에 압축공기 동작, 스프링 복귀형 밸브는 제어 신호가 계속 입력되어야 제어 위치가 계속 변경된 상태를 유지한다. 이러한 경우에 자기 유지 회로를 이용하면 메모리 밸브와 마찬가지로 메모리 기능을 갖도록 할 수 있는데 이러한 기억 회로를 자기 유지 회로라고 한다.

■ OFF 우선 자기 유지 회로

그림 9.10에서 1.2 밸브를 작동시키면 제어 신호는 1.3 밸브를 통하여 1.6 밸브를 작동시키게 된다. 1.6 밸브의 출력 신호는 스프링 복귀형 밸브를 작동시켜 단동 실린더를 전진운동 시킨다. 이러한 상태에서 1.2 밸브를 놓으면 1.6 밸브의 출력 신호가 1.4 OR 밸브와 1.3 밸브를 통하여 다시 자신을 ON시키기 때문에 1.6 밸브는 계속 작동된 상태를 유지할 수 있게 된다. 즉, 자기 유지된다. 1.6 밸브를 원위치 시키기 위해서는 1.3 밸브를 작동시키면 된다.

만약 1.2 밸브(ON 신호)와 1.3 밸브(OFF 신호)가 동시에 작동하면 1.3 밸브에 의해서 출력 신호가 얻어질 수 없으므로 9.10과 같은 회로를 OFF 우선 자기 유지 회로라고 한다.

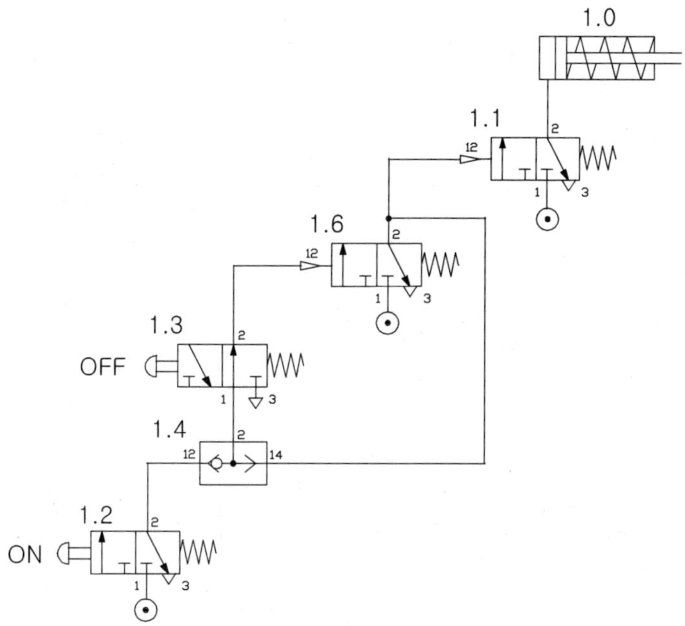

그림 9.10 OFF 우선 자기 유지 회로를 이용한 단동 실린더의 제어

■ ON 우선 자기 유지 회로

그림 9.11은 ON 신호가 우선되는 ON 우선 자기 유지 회로이다. 작동되는 방법은 OFF 우선 회로와 마찬가지이나 ON 신호와 OFF 신호가 동시에 존재하면 ON 신호가 우선권을 갖는 점이 다르다. 따라서 이와 같은 회로를 ON 우선 자기 유지 회로라고 한다.

공압에서는 특수한 경우를 제외하고는 자기 유지 회로를 사용하지 않는다. 그 이유는 메모리 기능이 있는 밸브, 즉 스프링이 내장되어 있지 않은 양쪽 압축공기 동작형 밸브를 사용하면 되기 때문이다. 같은 동작을 하기 위하여 자기 유지 회로를 구성하면 밸브 두 개가 더 소요되어 비용이 상승될뿐더러 회로도 훨씬 복잡해지기 때문이다.

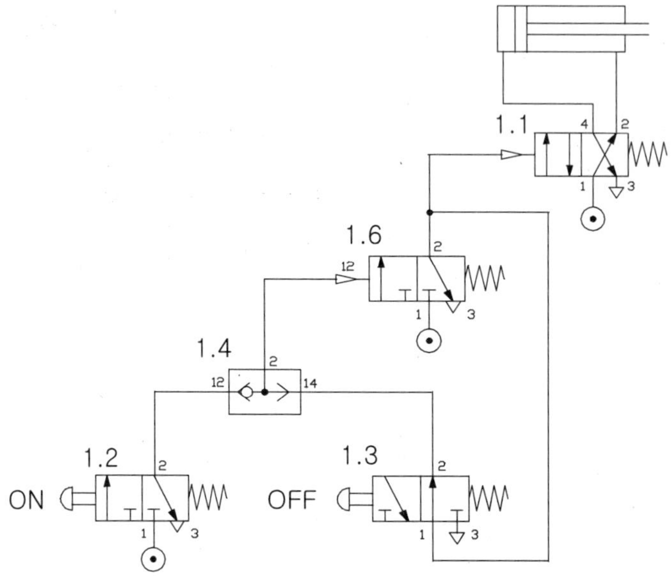

그림 9.11 ON 우선 자기 유지 회로를 이용한 복동 실린더의 제어

9.4 실린더의 왕복 운동 회로

■ 리밋 밸브를 이용한 자동 후진 제어

푸시 버튼 밸브를 작동시키면 실린더가 전진 운동을 완료하고 전진 완료 위치에서 리밋 밸브를 작동시키면 후진 운동이 일어난다. 그림 9.12에서 메모리 밸브의 특성을 알 수 있다. 1.2 밸브에 의하여 전진 운동 제어 신호가 1.1 메모리 밸브에 입력되면 1.1 밸브가 스위칭 되어 실린더 1.0은 전진 운동을 하게 된다. 실린더가 전진 운동하고 있는 도중에 1.2 밸브가 OFF 되어도 1.1 밸브는 그 상태를 유지한다. 따라서 실린더는 계속 전진 운동을 하게 된다. 실린더가 전진 운동을 완료하고 1.3 밸브가 작동되면 실린더는 후진 운동을 하게 된다.

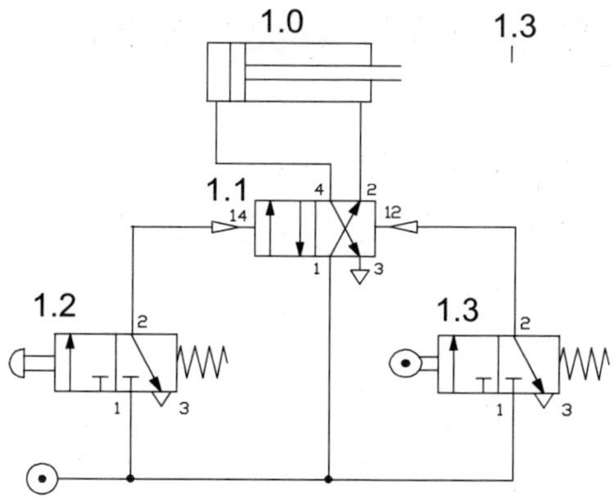

그림 9.12 리밋 밸브를 이용한 자동 후진 제어

■ 실린더의 연속 왕복 운동

복동 실린더가 시작 신호에 의하여 전·후진 운동을 해야 하며 정지 신호를 보내면 후진 위치에서 멈추어야 한다. 실린더가 후진 완료된 위치에서 1.4 밸브는 동작된 상태로 있다. 1.2 밸브를 작동시키면 실린더가 전진 운동을 하게 되고 전진 완료 위치에서 1.3 리밋 밸브가 작동되면 후진 운동을 하게 된다. 1.2 밸브를 OFF 시키면 실린더는 항상 후진된 위치에서 연속 운동을 멈추게 된다. 회로도에서는 모든 밸브를 항상 초기 상태로 그려야 하므로 1.4 밸브도 작동된 상태로 표시되어 있다.

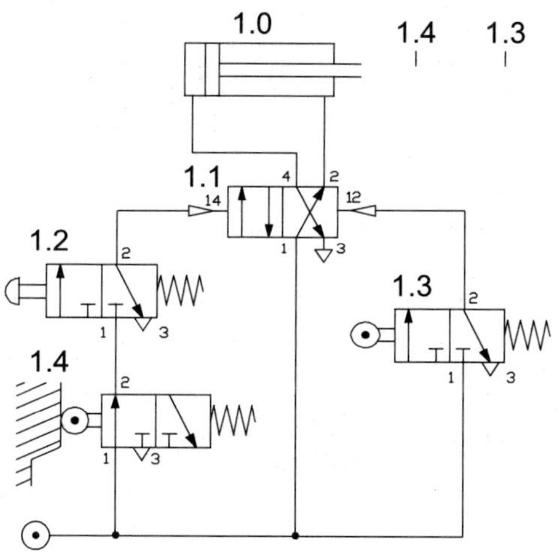

그림 9.13 실린더의 연속 왕복 운동

9.5 실린더의 중간 위치 정지

공기는 압축성이 있기 때문에 실린더를 중간 위치에서 정확하게 정지시키기가 어렵다. 그러나 부하의 변동 폭이 심하지 않다면 어느 정도 정확성을 만족시켜줄 수 있으므로 실제로는 종종 응용되고 있다.

■ 2/2-way 밸브를 이용한 중간 정지

그림 9.14의 회로도에서 밸브 1.2와 1.3이 작동되면 2/2-way 밸브 1.01과 1.02를 통하여 실린더로 이어지는 두 공급라인이 열리고 실린더가 운동을 시작한다. 이때 운동하기 위한 신호가 차단되면 실린더의 공급라인과 배기라인이 차단되고 실린더의 피스톤 힘은 평형 상태가 될 때까지 움직여서 잔류 압력에 의하여 정지하게 된다. 단 밸브 1.01과 1.02는 공기가 양쪽으로 흐를 수 있어야 한다.

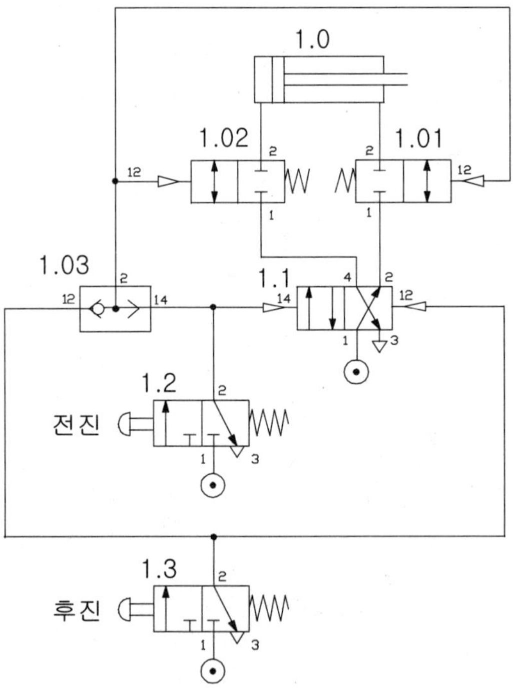

그림 9.14 2/2-way 밸브를 이용한 실린더의 중간 정지

■ 차단 중립위치를 갖는 밸브의 이용

차단 중립위치를 갖는 4/3-way 밸브나 5/3-way 밸브를 사용하여 실린더를 중간에 정지시킬 수가 있다. 전진 또는 후진 신호가 제거되면 밸브는 내장된 스프링에 의하여 중립위치를 유지하기 때문에 실린더의 공기가 배기되지 못한다. 또한, 실린더로 공급되는 압축공기도 없기 때문에 실린더는 평형 상태를 유지하면서 정지하게 된다.

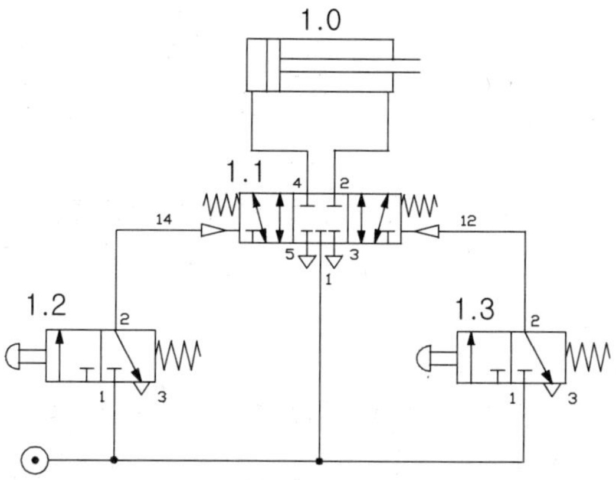

그림 9.15 5/3-way 밸브를 이용한 실린더의 중간 정지

9.6 실린더의 속도 제어

실린더의 속도 제어 중 가속의 경우에는 급속 배기 밸브를 이용하여 속도를 증가시킬 수가 있다. 그러나 이것으로 충분하지 않을 경우에는 밸브의 유효 단면적을 변화시키거나 배관의 길이를 단축시키는 등의 방법을 강구해야 한다. 실린더의 속도를 감속시킬 경우에는 교축 밸브나 교축 릴리프 밸브를 사용한다.

■ 단동 실린더의 전진 속도 조절

단동 실린더에서 전진 운동은 공급 공기를 교축 함으로서 속도를 변화시킬 수 있다. 그러나 급속 배기 밸브를 통하여 속도를 증가시키는 것은 불가능하다.

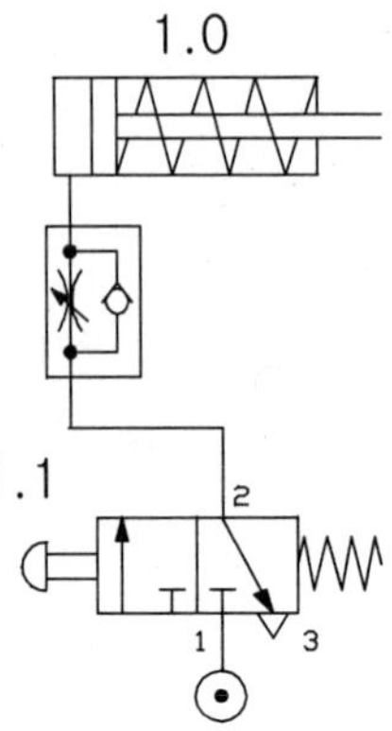

그림 9.16 단동 실린더의 전진 속도 조절

■ 단동 실린더의 후진 속도 조절

배기 공기를 교축함으로써 후진 운동 속도를 조절할 수 있다. 그러나 실제로는 단동 실린더의 후진 운동을 작업에 사용하지 않으므로 단동 실린더에서 후진 운동의 속도 조절은 거의 하지 않는다.

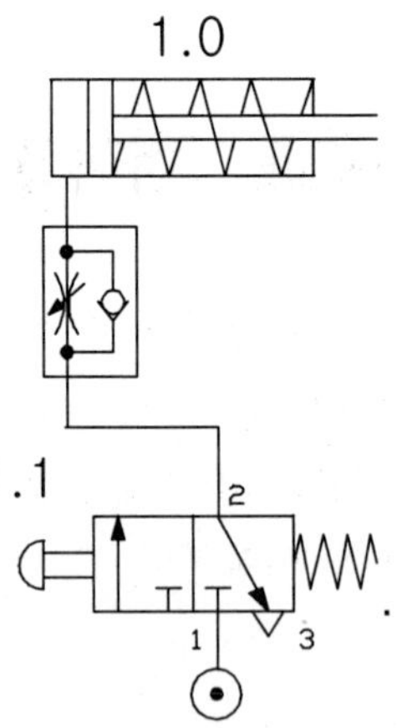

그림 9.17 단동 실린더의 후진 속도 조절

■ 단동 실린더의 후진 속도 증가

급속 배기 밸브를 이용하여 단동 실린더의 피스톤 측의 공기를 급속히 배기시킴으로써 단동 실린더의 후진 속도를 증가시켜 준다. 급속 배기 밸브는 가능한 한 실린더에 가깝게 설치하는 것이 효과적이다.

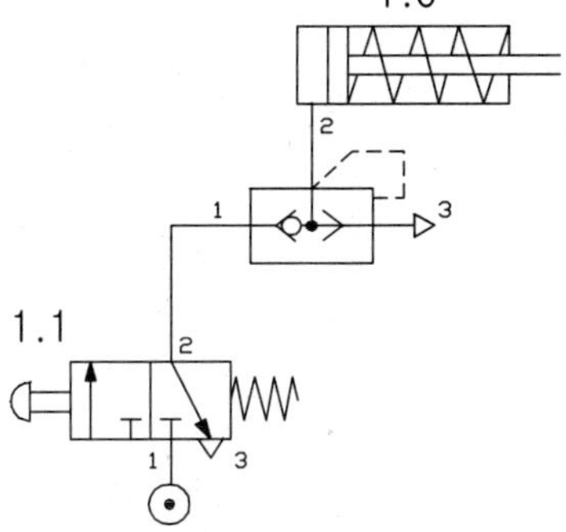

그림 9.18 단동 실린더의 후진 속도 증가

■ 복동 실린더의 속도 조절(공급 공기 조절)

일방향 유량 제어 밸브를 이용하여 실린더로 들어가는 공기를 교축함으로써 실린더 속도를 조절하는 방식을 공급 공기 조절 방식 또는 미터-인(meter-in) 방식이라고 한다. 왼쪽에 있는 일방향 유량 제어 밸브는 실린더의 전진 속도를 조절하고 오른쪽에 있는 일방향 유량 제어 밸브는 실린더의 후진 속도를 제어한다.

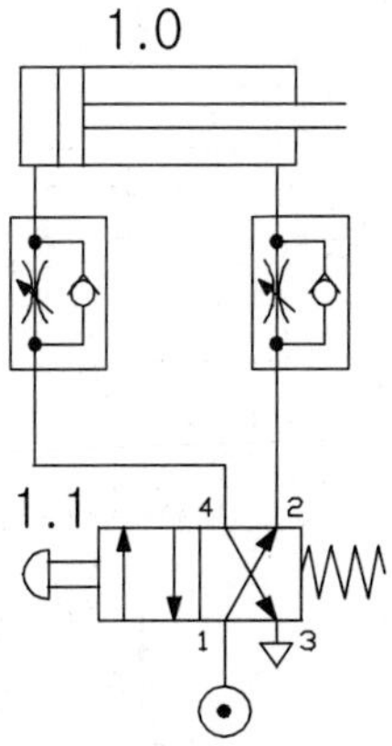

그림 9.19 공급 공기 조절 방식에 의한 복동 실린더의 속도 조절

■ 복동 실린더의 속도 조절(배압 조절)

일방향 유량 제어 밸브를 이용하여 실린더로부터 배기되는 공기를 교축 함으로서 실린더 속도를 조절하는 방식을 배압 조절 방식 또는 미터-아웃(meter-out) 방식이라고 한다. 왼쪽에 있는 일방향 유량 제어 밸브는 실린더의 후진 속도를 조절하고 오른쪽에 있는 일방향 유량 제어 밸브는 실린더의 전진 속도를 제어한다.

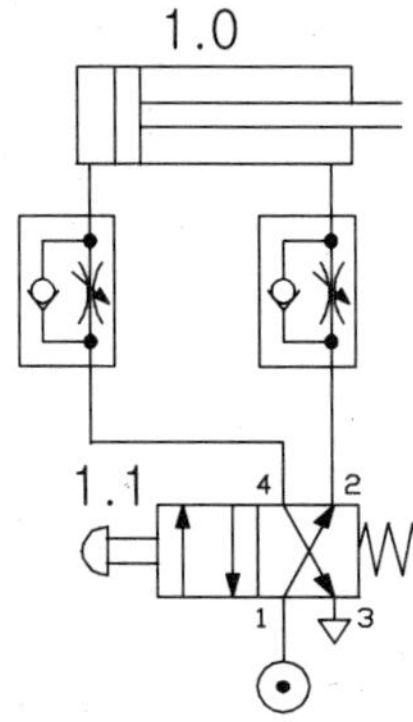

그림 9.20 배압 조절 방식에 의한 복동 실린더의 속도 조절

■ 복동 실린더의 속도 조절(단순 교축 밸브 사용)

5/2-way 밸브를 실린더의 제어에 사용하는 경우에는 교축 밸브를 5/2-way 밸브의 배기공에 연결할 수 있으며 이때에는 반동(rebound) 현상이 일어나지 않는다. 각각의 속도는 미터-아웃 방식으로 조절되며 배기공 R에 설치된 교축 밸브는 후진 속도를 조절해주며 배기공 S에 설치된 교축 밸브는 전진 속도를 조절해 준다.

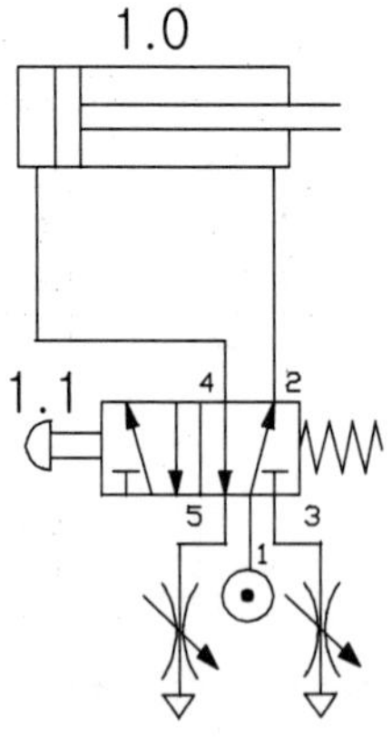

그림 9.21 단순 교축 밸브를 이용한 복동 실린더의 속도 조절

■ 복동 실린더의 전진 속도 증가

급속 배기 밸브를 피스톤 로드 측에 달아 주면 피스톤의 전진 운동 시 저항이 적어지므로 빠른 전진 운동을 기대할 수 있다. 마찬가지로 급속 배기 밸브를 피스톤 측에 달아 주면 실린더의 후진 속도를 증가시킬 수 있다.

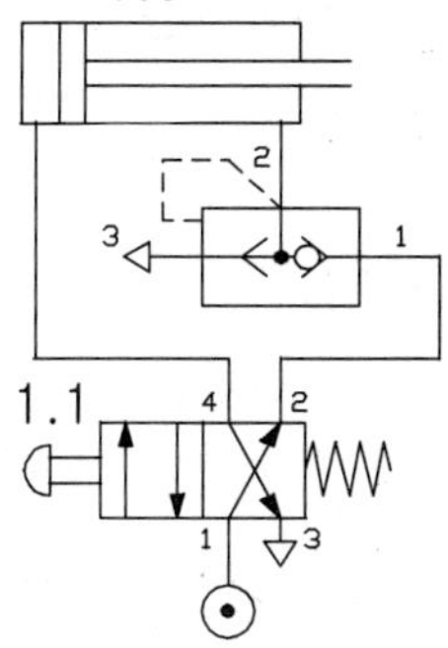

그림 9.22 복동 실린더의 전진 속도 증가

■ 복동 실린더의 전·후진 속도 조절

복동 실린더의 전진 운동을 천천히 이루어지며 후진 시에는 빠른 귀환 운동이 이루어진다. 그림 11.23에서는 실린더의 자동 왕복 회로에 속도 제어 밸브를 부가한 회로를 보여 준다. 1.02 일방향 유량 제어 밸브에 의해서 전진 속도가 미터-아웃 방식으로 제어되며 1.01 급속 배기 밸브에 의해서 빠른 후진 운동이 이루어진다.

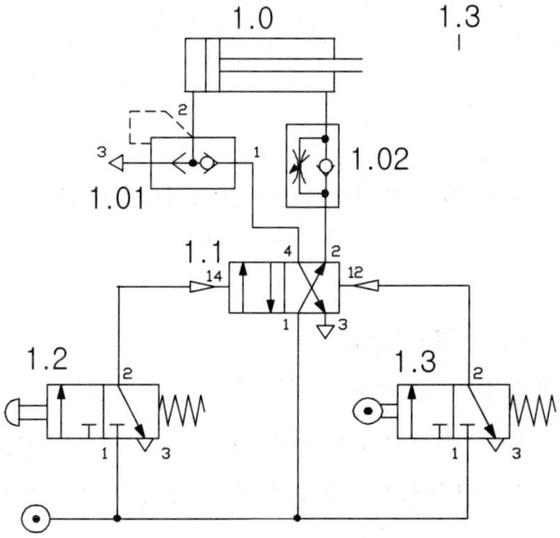

그림 9.23 복동 실린더의 전·후진 속도 조절

9.7 압력 제어 회로

공압에서 압력을 조절하는 곳에서는 압력 조절기를 사용한다. 과도한 압력을 제한하는 곳에서는 **압력 릴리프 밸브**가 사용되고, **압력 시퀀스 밸브**는 어떤 동작에 특별한 압력이 요구될 때에 사용된다. 시퀀스 밸브 자체에는 배기공이 없으므로 방향 제어 밸브와 연결해서 사용한다.

■ 리밋 밸브와 압력에 의한 실린더 제어

시동 스위치 1.2를 누르면 실린더가 전진한다. 피스톤이 전진 완료 위치에 도달한 후 1.5 리밋 밸브가 작동되고 피스톤 쪽에 형성된 압력이 1.3 시퀀스 밸브의 설정 압력 이상이 되면 실린더는 후진 운동을 한다. 이때 1.3 밸브의 최고 설정 압력은 이 제어 시스템에 공급되는 압력을 초과할 수 없다.

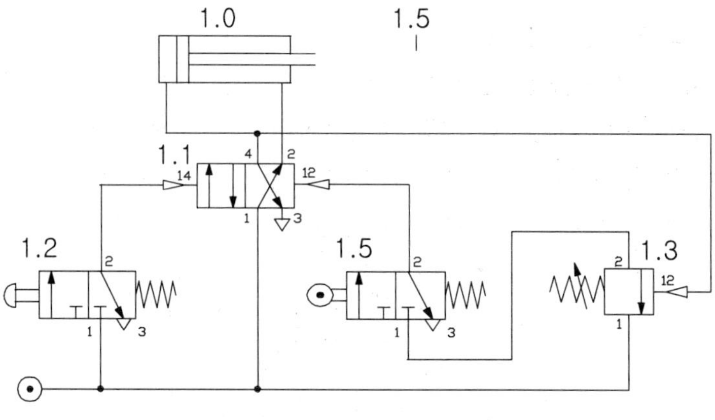

그림 9.24 리밋 밸브와 압력에 의한 실린더의 제어

■ 위치 확인이 없는 압력에 의한 제어

이러한 유형의 시스템에서는 피스톤이 임의의 위치에 있을 때 실린더 내의 압력이 1.3 밸브의 설정 압력에 도달하면 밸브 1.1이 전환되고 피스톤은 후진 운동을 한다. 따라서 이러한 형식의 제어는 작동의 확실성을 그다지 요구하지 않는 곳이나 리밋 밸브를 사용할 수 없는 곳 또는 반력이 생기면 피스톤의 운동의 전환이 필요한 곳에만 사용한다. 더욱이 압력에 의하여 작동되는 제어계에서는 원하는 동작에 따라서 속도를 조절하기 위한 교축 밸브의 위치, 즉 교축 밸브를 입구, 출구 중 어디에 연결할 것인가 하는 것이 중요하다.

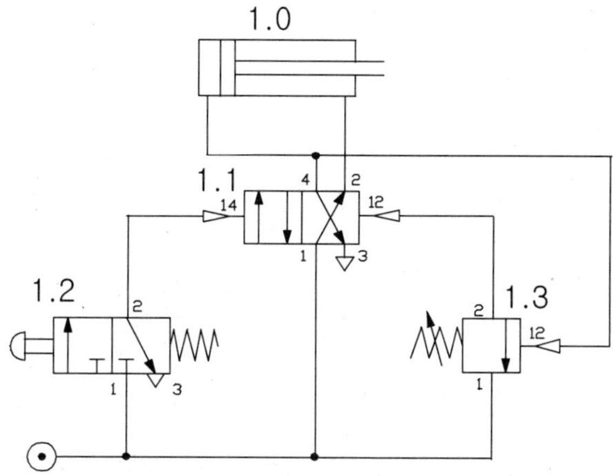

그림 9.25 위치 확인이 없는 압력에 의한 제어

9.8 시간 특성 회로

공압 회로에서는 3/2-way 밸브, 교축 릴리프 밸브, 공기탱크를 적당하게 배열하여 간단한 시간을 제어할 수 있다. 이 요소들은 여러 개의 단일 부품으로 구성되거나 한 몸체 안에 집적되어 단일 부품으로 사용된다.

■ 전진 완료 확인 후 시간 지연 회로

시동 버튼의 작동으로 복동 실린더가 전진 운동을 하고 전진 완료 위치에서 리밋 밸브를 작동시킨다. 시간 지연은 전진 운동을 완료했을 때부터 시작된다. 시간 지연 밸브 1.5에 의하여 제어 시간이 경과하면 밸브 1.1이 전환되고 피스톤은 후진 운동된다.

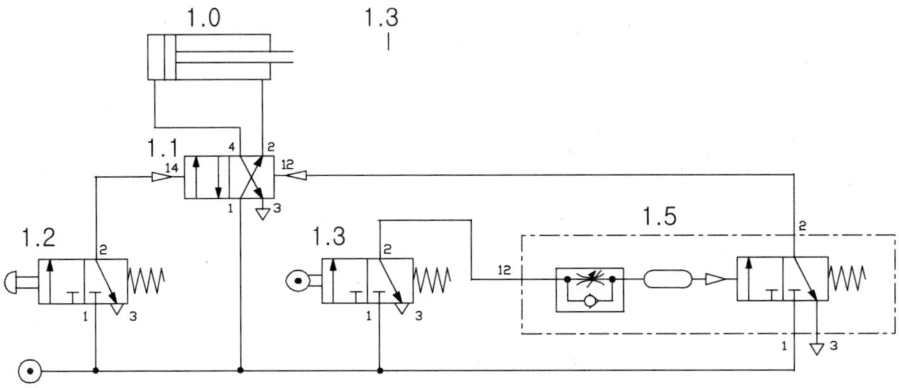

그림 9.26 전진 완료 확인 후 시간 지연 회로

■ 전진 완료 확인 없는 시간 지연 회로

그림 9.27의 회로도는 리밋 밸브 없이 작동하므로 작동의 신뢰성은 없다. 시간 제어 요소는 밸브 1.1이 전환할 때, 즉 피스톤의 전진이 시작됨과 동시에 제어되기 시작한다. 피스톤이 전진 위치에서 머무는 시간은 행정 운동에 걸리는 시간에 따라서 상당히 많이 변한다. 더욱이 피스톤 쪽에 형성되는 압력은 일정하지 않고 부하에 따라서 변하며, 이것이 시간 지연의 편차를 야기한다. 만일 실린더가 행정의 중간에서 멈추게 되면 극단적인 경우에는 실린더가 전진 완료 위치에 도달하지 못하고 귀환할 수 있다는 것을 반드시 고려해야 한다.

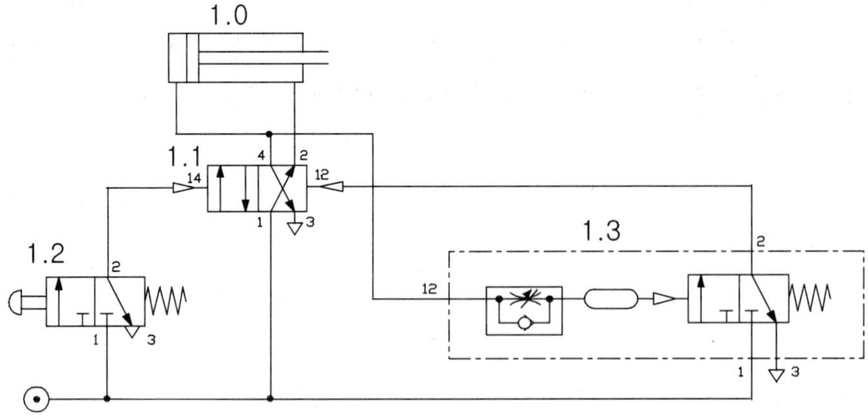

그림 9.27 전진 완료 확인 없는 시간 지연 회로

CHAPTER 10

전기 스위치

전기 에너지는 전기적인 기구에 의해서 제어장치 및 작업요소에 공급된다. 이러한 전기적인 기구들을 전기회로도에 나타낼 수 있도록 간단명료하게 기호로 표시하고 이러한 기호들을 이용하여 제어 장치를 설계하거나 보수할 수 있다.

그러나 단순히 회로도나 설비에 있는 기호를 이해하는 것만으로는 최적의 제어계를 설치하는 데는 충분하지 못하다. 따라서 제어계를 설계하려는 전문가들은 전기공학에서 사용되는 모든 요소들의 기호, 작동원리 및 내부 구조들에 대해서도 잘 알고 있어야 한다.

10.1 접점의 종류

전기 신호 입력 장치는 제어계 내의 여러 지점에서 발생되는 신호를 신호처리 영역에 보내주는 역할을 한다. 전기적 접점의 개폐를 이용하면 **접점 제어**(contact control)라 하고, 그 외의 경우는 **무접점 제어**(contactless control) 혹은 **전자제어**(electronic control)라 부른다. 이들 요소를 기능에 의하여 분류하면 **정상 상태 열림**(normally open), **정상 상태 닫힘**(normally closed), **전환**(change-over) 등이 있다.

이 접점들은 작동된 상태에서, 정상상태 열림 접점은 회로를 연결시키고, 정상상태 닫힘 접점은 회로를 차단하며, 전환 접점은 위의 두 용도에 모두 사용이 가능하다. 즉, 전환 접점은 정상 상태 열림 접점과 정상 상태 닫힘 접점의 조합이라고 할 수 있으나 동시에 두 가지 기능을 수행하지는 못한다.

이 요소들은 다시 수동 작동, 기계적 작동, 또는 원격 조정 등으로 분류가 가능하다.

제어회로도에서는 모든 부품을 표준화된 기호로서만 표시하게 되어 있다. 제어회로도에서 사용하고 있는 기호는 크게 **국제 전기 표준 회의**(IEC:International Electrotechnical

Commission)에서 정한 방식과 생산 현장에서 많이 사용하고 있는 래더(ladder) 방식이 있다. 한국 산업 규격(KS)에서 제정한 전기 기호는 전기용 기호 KS C 0103와 옥내 배선용 기호 KS C 0301이 있다. 전기용 기호는 전기 회로의 접속 관계를 나타내는 도면에 사용되는 기호를 정한 것으로서, 일반적으로 전개 접속도에 사용되는 기기 및 장치를 그림 기호, 문자 기호, 기구 번호 등으로 구분하여 사용한다. 참고로 IEC 기호와 래더 기호가 모두 표준으로 정해져 있다.

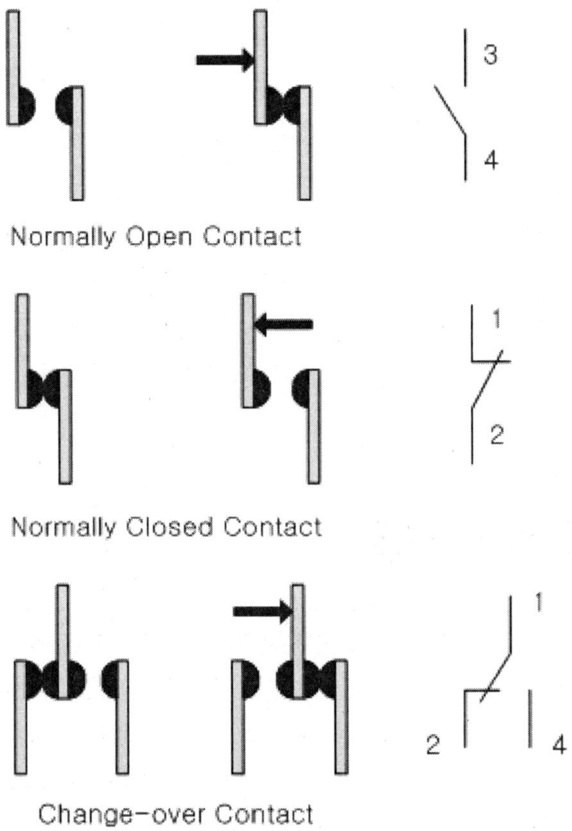

그림 10.1 여러 가지 접점

10.2 푸시버튼 스위치

■ a 접점 푸시버튼 스위치

a 접점 푸시버튼 스위치는 외력이 작용하지 않는 평상시에는 접점이 열려 있기 때문에 정상 상태 열림형 접점(normally open contact, N/O)을 갖는다. 그리고 접점에 외력이 작용하지 않는 상태에서는 접점이 열려 있어 전기가 통할 수 없기 때문에 접점을 통하여 전기 신호를 전달하지 못한다. 그러나 푸시버튼을 작동시켜 스위치가 작동되면 접점이 연결되어 전기 신호를 전달할 수 있게 된다. 이와 같은 기능의 접점을 arbeit contact라고 하며 이를 약하여 a 접점이라고 한다. 그림 10.2는 대표적인 a 접점 푸시버튼 스위치의 구조를 나타낸다.

IEC 방식과 래더 방식은 기호에 대한 표현 방법의 차이일 뿐이지 사용되는 부품은 마찬가지이다. a 접점은 IEC 방식에서 접점 번호 (3, 4)로 표시되나 래더 방식에서는 특별한 접점 번호가 없다. 그림 10.3은 a 접점 푸시버튼 스위치의 기호를 나타낸다.

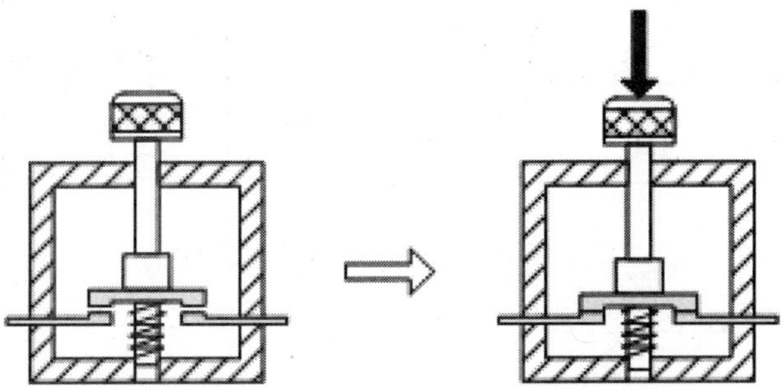

그림 10.2 a 접점 푸시버튼 스위치

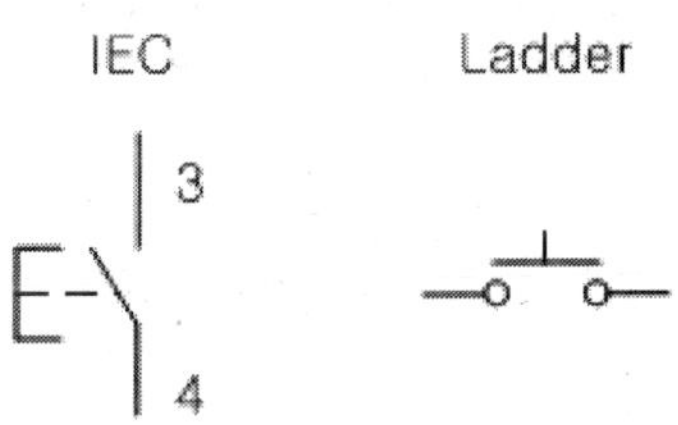

그림 10.3 a 접점 푸시버튼 스위치의 기호

■ b 접점 푸시버튼 스위치

b 접점 푸시버튼 스위치는 외력이 작용하지 않는 평상시에는 접점이 닫혀져 있기 때문에 정상 상태 닫힘형 접점(normally closed contact, N/C)을 갖는다. 그리고 접점에 외력이 작용하지 않는 상태에서는 접점이 닫혀 있어 전기가 통할 수 있는 상태이므로 접점을 통하여 전기 신호가 전달될 수 있다. 그러나 푸시버튼을 작동시켜 스위치가 작동되면 접점이 열려서 전기 신호가 차단된다. 이와 같은 기능의 접점을 break contact라고 하며 이를 약하여 b 접점이라고 한다. 그림 10.4는 대표적인 b 접점 푸시버튼 스위치의 구조를 나타낸다.

b 접점은 IEC 방식에서 접점 번호 (1, 2)로 표시되나 래더 방식에서는 특별한 접점 번호가 없다. 그림 10.5는 b 접점 푸시버튼 스위치의 기호를 나타낸다.

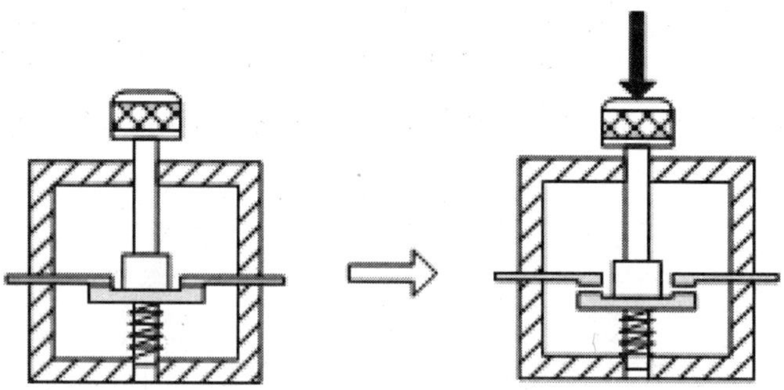

그림 10.4 b 접점 푸시버튼 스위치

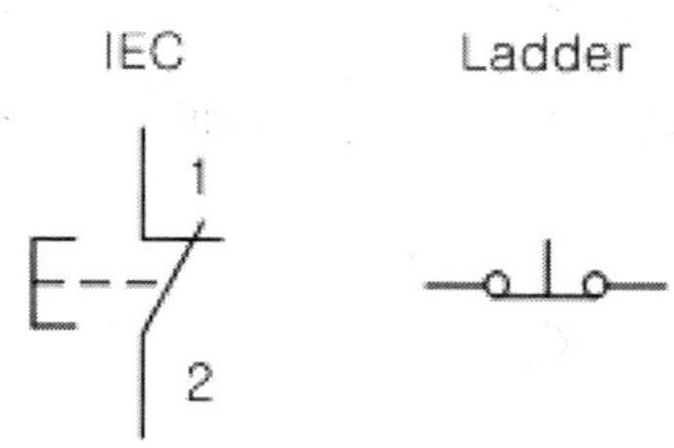

그림 10.5 b 접점 푸시버튼 스위치의 기호

■ c 접점 푸시버튼 스위치

c 접점 스위치는 하나의 스위치를 a 접점이나 b 접점으로 사용이 가능한 스위치이다. 이 스위치가 작동되면 접점의 전환(change-over)이 일어나기 때문에 c 접점이라고 한다. 실제로 대부분의 전기 스위치는 c 접점 형태로 제작되어 있어 사용하기에 따라 a 접점

또는 b 접점으로 사용이 가능하다. 그러나 c 접점은 전기적으로 독립이 되어있지 않기 때문에 a 접점이나 b 접점 중 하나의 기능을 선택하여 사용하여야 한다. 그림 10.6은 대표적인 c 접점 푸시버튼 스위치의 구조를 나타내며 그림 10.7은 c 접점 스위치의 기호를 나타낸다.

a 접점은 IEC 방식에서 접점 번호 (3, 4)로 표시되고, b 접점은 접점 번호 (1, 2)로 표시되는데 c 접점에서는 공동으로 사용되는 단자가 존재하기 때문에 a 접점은 (1, 4)로, b 접점은 (1, 2)로 표시한다. 이때 a 접점과 b 접점에서 공동으로 사용되는 단자를 COM 단자라고 한다.

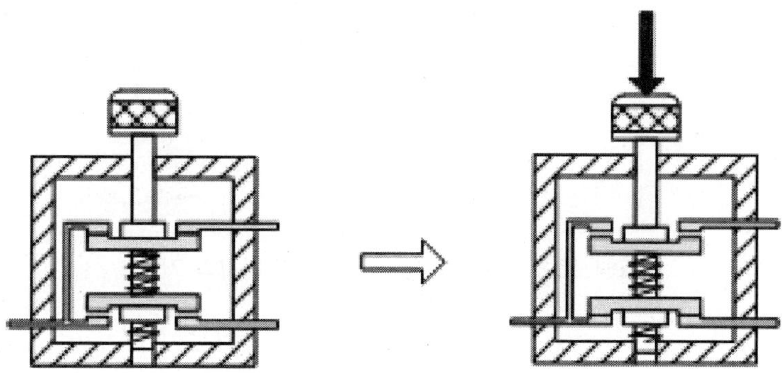

그림 10.6 c 접점 푸시버튼 스위치

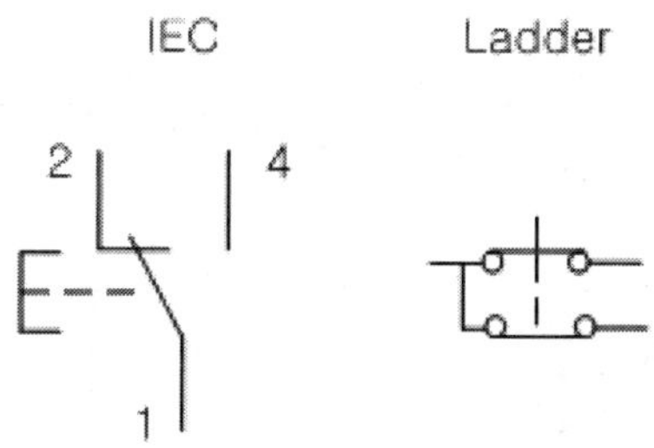

그림 10.7 c 접점 푸시버튼 스위치의 기호

■ 다접점 푸시버튼 스위치

다접점 스위치는 하나의 스위치가 여러 개의 독립된 접점을 갖고 있다. 즉, 하나의 스위치를 작동시키게 되면 여러 개의 접점이 동시에 on/off 된다. 독립된 접점이란 여러 개의 접점이 기계적으로는 연결되어 있어 같이 작동되지만 전기적으로는 완전히 독립되어 있다는 것을 의미한다. 각각의 접점에 상이한 전압을 사용하여도 각 접점 간에는 충분히 절연되어 있기 때문에 아무런 문제가 발생되지 않는다.

a 접점이 3개, b 접점이 1개인 스위치가 있다면 이를 3a-1b형이라 부르며 a 접점이 2개, b 접점이 2개인 스위치가 있다면 이는 2a-2b형이 된다. 그림 10.8은 3a-1b형 푸시버튼 스위치의 기호를 나타낸다. IEC 기호에서 (13, 14)는 첫 번째 접점이 a 접점, (23, 24)는 두 번째 a 접점, (33, 34)는 세 번째 a 접점, (41, 42)는 네 번째 b 접점을 나타낸다. 즉, 첫 번째 숫자는 접점의 순서를 나타내고 두 번째 숫자는 접점의 기능을 나타낸다. 그리고 c 접점을 여러 개 갖고 있는 스위치를 사용하는 경우에는 일반적으로 a 접점을 앞에서부터, b 접점은 뒤에서부터 사용한다.

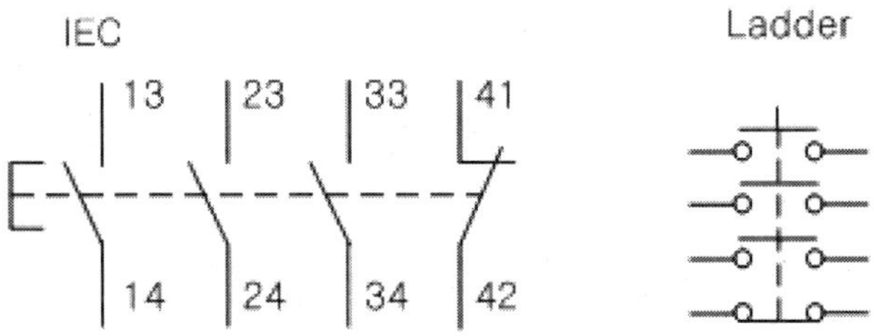

그림 10.8 3a-1b형 푸시버튼 스위치의 기호

그림 10.8에서 점선은 기계적 연동을 뜻한다.

그림 10.9에서는 1a-1b형의 푸시버튼 스위치의 구조를 보여준다.

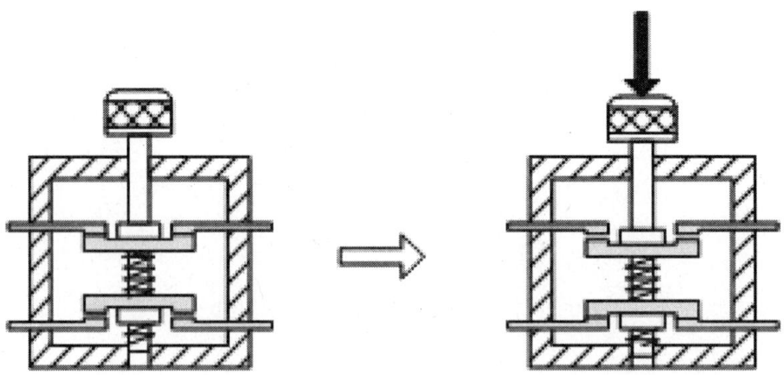

그림 10.9 1a-1b형 푸시버튼 스위치

■ 유지형 푸시버튼 스위치

앞에서 설명했던 푸시버튼 스위치는 푸시버튼을 작동시키면 스위치가 동작을 하고 푸시버튼을 놓으면 스위치가 원위치 된다. 이러한 푸시버튼 스위치를 복귀형 푸시버튼 스위치라고 한다. 반면에 유지형 푸시버튼 스위치는 푸시버튼을 작동시키면 스위치가 동작을 하고 푸시버튼을 놓아도 그 상태를 유지한다. 다시 한 번 푸시버튼을 작동시키면 스위치가 원래 상태로 돌아온다. 이러한 형태의 푸시버튼 스위치를 유지형 푸시버튼 스위치라고 하고 접점의 동작은 복귀형 푸시버튼 스위치와 동일하다. 그림 10.10에서 유지형 푸시버튼 스위치의 기호를 보여주고 있다. 그림에서 꺾음 표시는 유지형을 나타낸다.

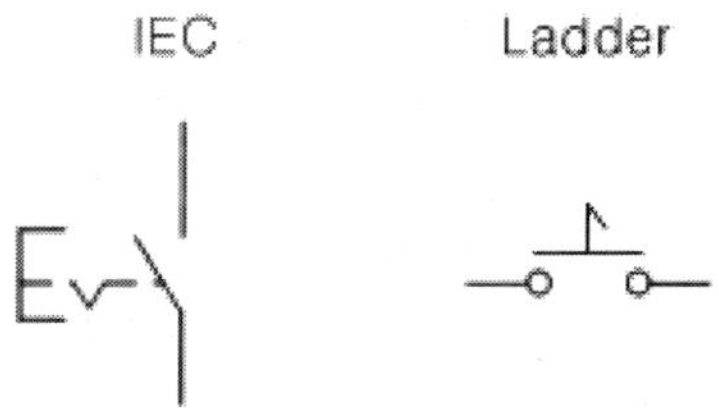

그림 10.10 유지형 푸시버튼 스위치

■ 푸시버튼 스위치의 색상

푸시버튼 스위치에는 접점의 형식에 따라 1a-1b형에서 4a-4b형까지 표준으로 제작 판매되고 있으며, 기능별로 램프 내장형, 한시 동작형 등이 있고 모양에 따라 원형, 각형, 장방형, 버섯형 등이 있다. 또한, 색상에 따라 그 스위치의 기능을 분류하며 녹색, 황색, 적색, 백색 등이 있다. 푸시버튼 스위치의 색상에 의한 기능의 분류를 표로 작성하면 다음과 같다.

표 10.1 푸시버튼 스위치의 색상에 의한 기능의 분류

색 상	기 능	적 용
녹 색	시 동	시퀀스의 기동, 전동기의 시동
적 색	정 지	전동기의 정지, 사이클 정지
	비상정지	모든 시스템의 비상 작업
황 색	리 셋	사이클 완료 후 부분적인 리셋
백 색	상기 색상에서 규정되지 않은 이외의 동작	

■ 스위치의 작동 방법

실제 전기 회로도에서는 접점 혹은 스위치에 대한 작동 방법을 도식적으로 표현하게 되는데 이를 정리하면 표 10.2와 같다.

표 10.2 스위치의 작동 방법

기 호	내 용
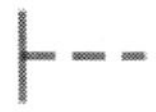	수동 조작, 일반
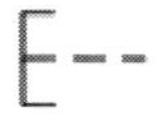	누름에 의한 수동 조작
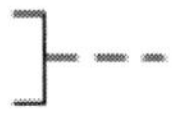	당김에 의한 수동 조작
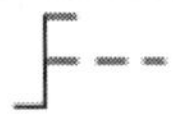	회전에 의한 수동 조작
	Tilting에 의한 조작
	페달에 의한 조작
	롤러 레버에 의한 조작

10.3 검출 스위치

검출 스위치는 제어 장치에서 신호 입력 요소로 사용되며 제어 대상인 위치, 레벨, 온도, 힘, 속도 등의 상태를 검출하고 제어 장치에 정보를 전달하는 중요한 역할을 하게 된다.

검출 스위치를 크게 나누면 작업 대상물과 접촉하여 신호를 검출하는 접촉식 스위치와 물체와 접촉하지 않고 동작하는 비접촉식 스위치로 분류할 수 있다. 접촉식 스위치에는 마이크로 스위치, 리밋 스위치 등이 있고 비접촉식 스위치에는 근접 스위치, 광전 스위치 등이 있다. 비접촉식 스위치를 보통 센서(sensor)라고 부르며 종류가 다양하기 때문에 따로 다루기로 한다.

■ 마이크로 스위치

마이크로 스위치(micro switch)는 비교적 소형으로 성형 케이스에 접점 기구를 내장하고 밀봉되어 있지 않은 스위치로서 압력 검출, 액면 검출, 바이메탈을 이용한 온도 조절, 중량 검출, 밀링 머신의 테이블 왕복 운동 등의 여러 분야에서 사용되고 있다.

마이크로(micro) 스위치는 리밋 스위치의 한 종류로서 리밋 스위치 중에서 아주 소형인 것을 말한다. 마이크로 스위치는 조작 및 제어에 중요한 구성 요소로서 널리 사용되며 작은 형상에도 불구하고 큰 전력을 스위칭 할 수 있는 요소이다. 마이크로 스위치는 규정된 힘으로 직접 조작하여 접점의 떨어지는 속도가 조작 속도와 관계없이 스위칭을 반복한다. 또한 특정의 동작 특성을 충실히 반복하는 높은 반복 정밀도를 가지며, 작은 힘이나 움직임에도 스위치가 동작하므로 정밀 스냅 액션(snap action) 스위치 또는 센시티브 스위치(sensitive switch)라고도 불리고 있다.

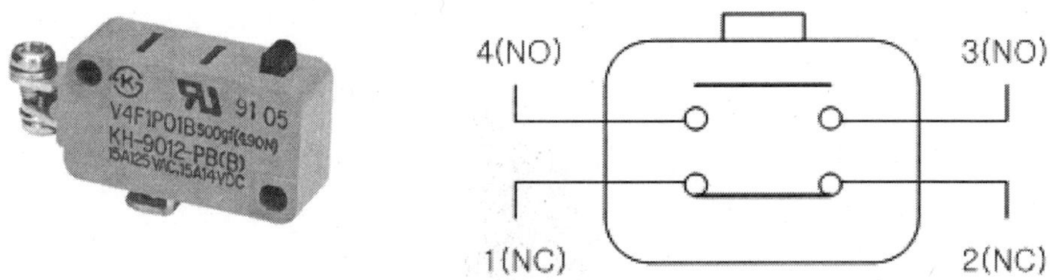

그림 10.11 마이크로 스위치와 접속 단자

■ 리밋 스위치

리밋 스위치는 기계나 실린더 운동에서 특정의 위치를 확인하는데 사용된다. 리밋 스위치를 선택할 때에는 기계적 응력, 접점의 신뢰성, 개폐 점의 정확도 등을 고려하여야 한다.

리밋 스위치의 표준형은 전환 접점의 형태이지만 다른 개폐기를 합성해서 만든 것도 있다.

리밋 스위치의 분류는 접점의 방식에 따라 레버 접점이나 스프링 하중 접점으로 구분된다. 레버 접점은 레버의 작용 속도와 접점의 개폐 속도가 동일하므로 저속도 접근에 적합하다. 스프링 하중 접점의 경우 접근 속도와는 무관하게 일정 위치에 이르면 접점이 변화하므로 푸시로드나 롤러 레버와 같은 고정부분에 의하여 작동이 가능하게 된다.

리밋 스위치의 구조는 작동부와 스위치부로 구성되며, 스위치부는 마이크로 스위치가 견고한 케이스 속에 들어 있고 작동부의 형태에 따라 롤러 레버형, 포크 레버형, 로드 조절 레버형, 코일 스프링형, 롤러 플런저형이 있으며, 형태에 따라 횡형과 입형 등이 있다.

리밋 스위치를 선정할 경우에는 리밋 스위치의 고정 방법, 작동 형식, 접근 각, 오버런(overrun) 등을 고려하여야 한다.

리밋 스위치의 접점 수명은 약 1000만회 정도에 이른다. 접점부의 허용 전류는 외관에 비해 상대적으로 큰 전력까지 스위칭이 가능하다. 또한 스냅 동작 기구에 의해 1~15ms

범위의 빠른 스위칭 타입을 갖는다. 사용 시 스위치의 보호 구조가 사용 장소의 환경에 적합한지 확인하여야 한다.

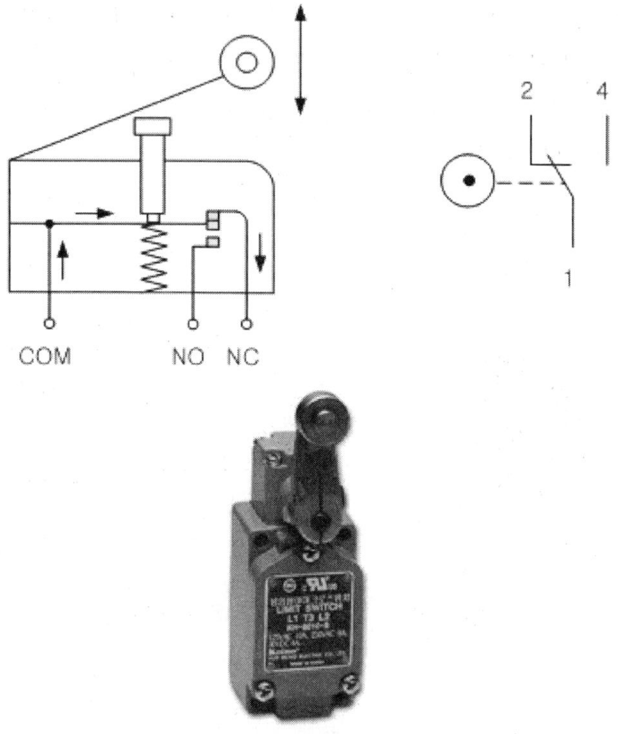

그림 10.12 리밋 스위치

리밋 스위치의 올바른 사용 방법을 정리하면 다음과 같다.

① 스위치 1개의 접점에 이극, 이종의 전극을 접속하지 않는다.

② 주위에 이상이 일어나도 전체 움직임의 최소 값 혹은 동작 한도 위치의 최대값을 넘어 동작하지 않도록 설치한다.

③ 봉입형 마이크로 스위치를 기계적 스토퍼로 사용하지 않는다.

④ 액추에이터가 확실하게 스냅 백(snap-back)하도록 캠이나 도그(dog)를 설치한다.

⑤ 스위치는 견고하게 부착하고 점검이 쉬우며 교체 가능한 깨끗한 장소에 설치한다.

⑥ 도그의 설계 시에는 액추에이터의 움직임, 충격력, 반복 오차, 마모 내구력 등을 고려한다.

⑦ 레버와 도그 커트 면은 45도 이하로 한다. 이 각도가 45도를 넘으면 도그 속도가 빠른 경우에는 레버 샤프트에 가해지는 분력이 충격력으로 작용하기 때문에 스위치 헤드를 파손할 우려가 있다.

10.4 리밋 스위치의 작동상태 기호

제어 회로도에서 모든 스위치는 초기 시동조건 상태로 표시하게 된다. 초기 시동조건이란 다음의 상태를 의미한다.

① 모든 에너지는 off 되어 있다.
② 모든 수동조작 스위치는 off 되어 있다.
③ 모든 구동장치는 작업 전의 원래의 위치를 유지하고 있어야 한다.
④ 작업 대상물은 존재하는 상태이다.
⑤ 가공될 재료나 원료는 준비되거나 충전되어 있는 상태이다.
⑥ 모든 안전장치들은 작업의 안전을 위해서 준비되어 있는 상태이다.

즉, 에너지를 공급하고 시동조건을 on 시키면 작업이 시작될 수 있는 상태를 의미한다. 전기 제어회로도에서 기계적으로 작동되는 리밋 스위치는 초기 상태에서 작동된 상태로 존재하는 것은 작동된 상태로, 작동되지 않은 상태는 작동되지 않은 상태로 표시되는 것이 원칙이다. 그러나 래더 제어회로도에서는 간단하게 접점의 종류만을 표시하기도 한다.
다음의 표는 각 리밋 스위치의 작동되기 전과 작동된 상태의 기호를 표시한다.

표 3.3 리밋 스위치의 작동 상태 표시 기호

I E C 기호	래더 기호	비 고
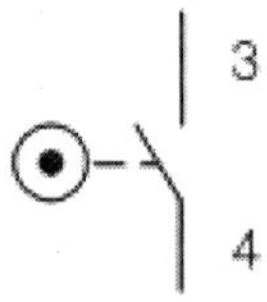	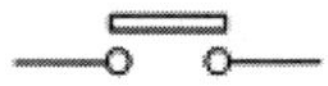	a 접점
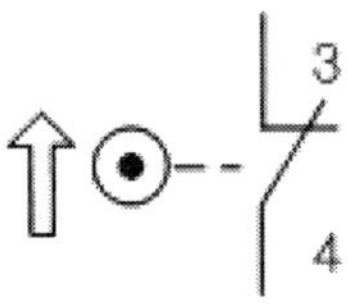		a 접점 작동된 상태
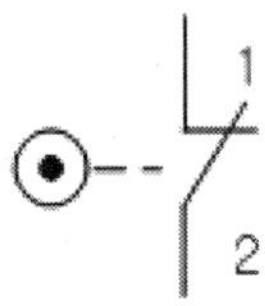	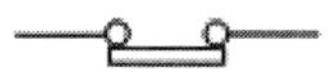	b 접점
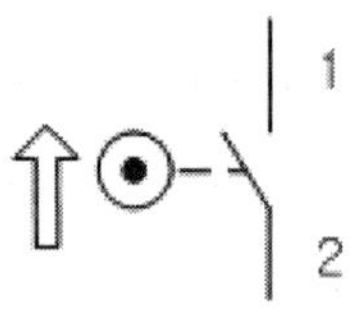		b 접점 작동된 상태

CHAPTER

11 전기 제어용 기기

제어용 기기는 시퀀스 제어회로를 구성하는데 있어 가장 중요한 역할을 하는 유접점 소자이다. 제어용 기기는 외부로부터의 각종 입력에 따라 가지고 있는 접점의 상태를 이용하여 유연하게 제어할 수 있는 시퀀스용 기기이다. 제어용 기기로는 각종 릴레이와 전자 접촉기가 포함된다.

앞에서 살펴 본 수동조작 스위치는 여러 개의 독립된 접점을 갖고 있지만 전기 리밋 스위치나 센서는 일반적으로 하나의 독립된 접점 밖에 없다. 그러므로 전기적으로 독립된 여러 개의 접점이 필요한 경우에는 다른 전기 소자를 이용하여 접점을 늘려 주어야 한다. 이때에 접점을 늘려주는 것이 전기 제어에서 핵심적인 역할을 수행하는 전기 릴레이(relay)이다.

전기 릴레이는 예전에 통신 분야에서 약해진 신호를 중계해 주는 증폭기 역할을 많이 담당하였으나 현재에는 통신 분야보다는 생산 자동화를 위한 제어 분야에 주로 이용되고 있다. 전기 릴레이는 전자석으로 작동되는 여러 개의 접점을 갖고 있는 전기 스위치라고 간단하게 표현할 수 있다.

11.1 릴레이의 구조

그림 11.1에서는 릴레이의 구조를 보여준다. 전기 릴레이는 자장을 형성시키기 위한 코일(coil), 전자석에 의하여 작동되는 접점 및 복귀 스프링으로 구성되어 있다.

전기 릴레이의 코일에 전기를 통전시키면 코일에 자장이 형성되어 릴레이의 아마추어(armature)가 코일의 코어(core)로 끌려가게 된다. 즉, 전자석에 의하여 아마추어와 기계적으로 연결된 여러 개의 접점이 작동되어 개폐된다. 그리고 코일에 통하는 전류를 차단하게 되면 자장이 사라지게 되므로 각 접점은 복귀 스프링에 의하여 원상태로 복귀된다.

전기 릴레이는 전기적으로 독립된 여러 개의 접점을 갖고 있다. 즉, 릴레이의 각 접점은 전기적으로 충분히 절연되어 있기 때문에 각 접점에는 서로 상이한 전압을 이용하여도 아무런 문제가 발생되지 않는다.

24V용 전기 릴레이란 릴레이를 작동시키기 위한 코일이 24V용이란 뜻이다. 그러므로 24V용 릴레이라 할지라도 각 접점에는 110V, 220V 등의 상이한 접점을 사용하여도 무방하다.

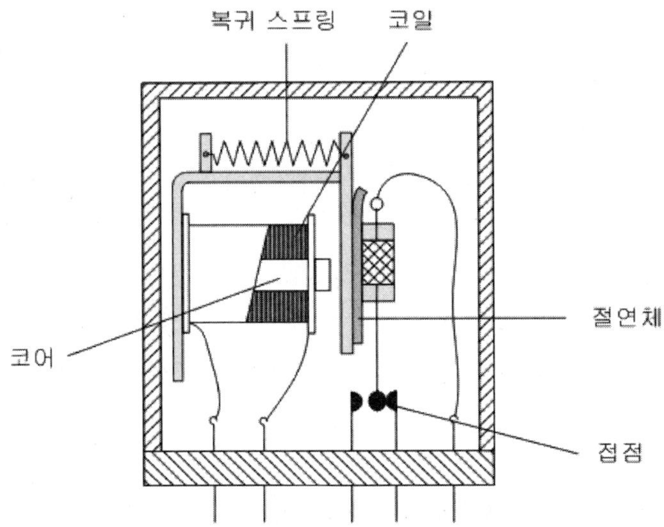

그림 11.1 릴레이의 구조

11.2 범용 릴레이

릴레이란 소량의 에너지를 이용하여 스위치 개폐나 제어에 이용되는 요소로서 주로 신호 처리에 사용된다. 이는 특수 개폐 능력을 가진 전기 스위치로 생각할 수 있다.

신호 처리 요소로서 릴레이가 갖추어야 할 요건은 다음과 같다.

- 거의 정비를 요하지 않을 것
- 많은 독립 회로를 개폐할 수 있을 것
- 여러 동작 전압, 고전류에 쉽게 사용 가능할 것
- 개폐 시간이 짧을 것

일반적으로 릴레이를 호칭할 경우에는 릴레이를 갖고 있는 접점을 이용한다. 즉, a 접점을 3개, b 접점을 1개 갖고 있는 릴레이는 3a-1b형 , a 접점이 2개, b 접점이 2개인 릴레이는 2a-2b형 릴레이라고 부른다. 그러나 많은 경우 2c, 4c 등과 같이 c 접점으로 구성되어 있어 사용자가 a 접점이나 b 접점으로 사용하도록 되어 있다.

제어회로도에서는 릴레이도 역시 표준화된 기호로서만 표시되어야 한다. 릴레이의 표시기호에는 IEC 방식과 래더 방식이 있다. IEC 방식에서 릴레이는 K 라는 약호로 표시되고 래더에서는 R(Relay) 또는 CR(Control Relay)로 표시한다.

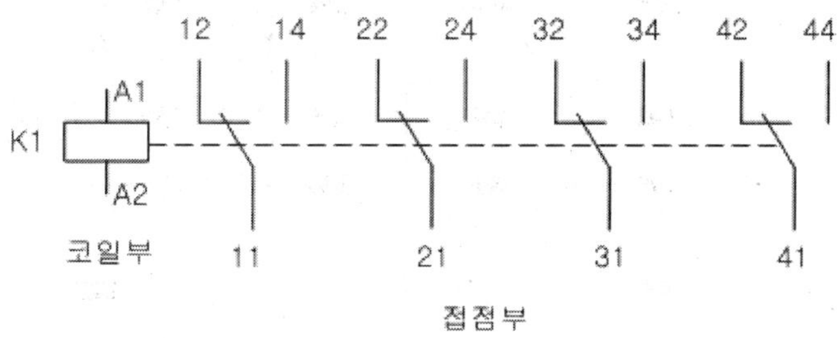

그림 11.2 4c 접점을 갖는 릴레이 기호(IEC)

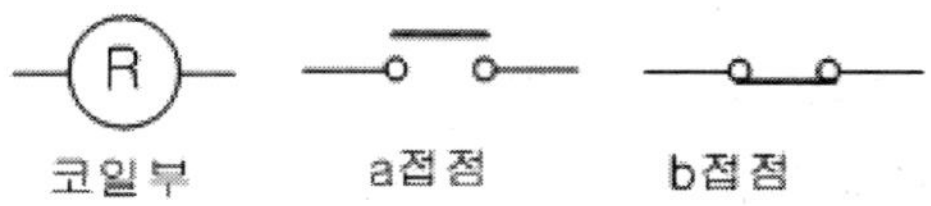

그림 11.3 릴레이 기호(래더)

IEC 방식에서 (A1, A2)는 릴레이의 코일을 나타내고 (11, 14)는 첫 번째 a 접점을, (41, 42)는 네 번째 b 접점을 나타낸다. 즉, 첫 번째 숫자는 접점의 순서를 나타내고 두 번째 숫자는 접점의 상태를 표시한다. (1, 2)는 b 접점을 나타내고 (3, 4)는 a 접점을 나타낸다. 그런데 c 접점의 경우에는 COM 단자를 사용하므로 a 접점을 (1, 4)로 표시하게 되는 것이다. 래더에서는 각 접점을 표시하는 특별한 방식이 없다.

제어회로도에서는 위와 같이 접점을 표시하지만 실제 소형 릴레이의 단자 배치도를 보면 다음과 같다.

그림 11.4 릴레이

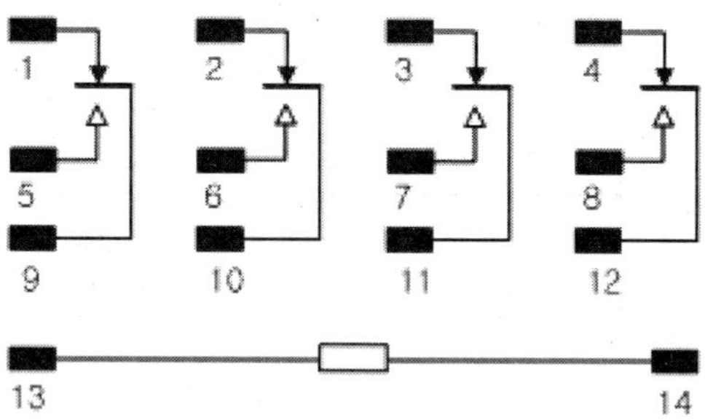

그림 11.5 릴레이의 단자 배치도 예

릴레이를 사용할 때의 **장점**은 다음과 같다.

• 여러 동작 전압에 쉽게 적용된다.

• 주위 온도의 영향을 많이 받지 않는다. 릴레이는 약 353K(80℃)~233K(-40℃)의 온도에서도 확실하게 작동된다.

- 개방 상태에 있는 접점은 상대적으로 고저항이다.
- 여러 독립 회로를 개폐할 수 있다.
- 제어회로와 주회로 사이에 금속 절연이 있다.

릴레이를 사용할 때의 **단점**은 다음과 같다.

- 상시 개방 접점은 아크 및 산화에 의해 마모가 발생된다.
- 트랜지스터에 비해 큰 공간을 요한다.
- 개폐를 하는 동안 잡음이 발생한다.
- 개폐 시간이 3~17 ms로 제한되어 있다.
- 접점은 오염(먼지 등)에 의하여 영향을 받는다.

릴레이를 선택할 때는 릴레이의 특성에 대해서 알고 있어야 하는데, 다음은 릴레이의 전류, 전압, 스위칭 횟수 등의 기술적 데이터를 표시한 것이다.

표 11.1 릴레이의 기술적 데이터

항 목	내 용
응답 시간	약 8~22 ms
여자 풀림 시간	2~20 ms
최대 개폐 사이클 수	약 15/초
동작 전압	3, 6, 12, 24, 36, 48, 60, 110, 220, 240 V AC 3, 4, 6, 8, 12, 16, 24, 36, 48, 60, 90, 135, 200 V AC
시험 전압	2,000 V AV rms
동작 전력	1.0~1.5 W DC / 2.0~2.2 W AC
코일의 최대 전력률	3 W / 3.4 VA
기계적인 수명	100,000,000 회 이상 작동
접점	a 접점, b 접점, c 접점
최대 접촉률	220 V AC / 6 A 저항성 부하

릴레이의 기능을 정리하면 다음과 같다.

① 전달 기능 : 회로의 차단, 접속, 전환 등을 할 수 있다.

② 증폭 기능 : 작은 입력으로 큰 출력을 얻을 수 있다(보통 1~1,000배).

③ 변환 기능 : 전자 코일은 직류, 접점은 교류로 직·교류 모두 사용할 수 있다. 또한 접점 a, b를 사용하여 입력과 반대의 신호를 얻을 수 있다.

④ 연산 기능 : 접점을 직·병렬 접속하여 논리 판단과 연산 기능을 한다.

릴레이의 동작·복귀 시간은 다음과 같다.

① 동작 시간 : 코일에 전압을 가한 후 a 접점이 닫힐 때까지의 시간

② 복귀 시간 : 코일의 전압을 제거한 후 b 접점이 닫힐 때까지의 시간

11.3 유지형 릴레이

유지형 릴레이는 래치(latch) 릴레이 또는 킵(keep) 릴레이라고도 하며 동작용 코일과 복귀형 코일 등 두 개의 코일을 갖고 있는 릴레이이다.

동작 코일(HC)에 전류가 흐르면 코일이 여자되어 접점이 동작되고 이와 동시에 동작 코일의 전류가 차단되어도 스프링 힘에 의하여 기계적으로 동작된 상태를 유지한다. 접점을 원래대로 복귀시키기 위해서는 복귀 코일(TC)에 전류를 공급해 주면 복귀 코일이 여자되어 접점이 복귀된다. 이때에도 역시 복귀 코일에 전류가 차단되어도 스프링 힘에 의하여 기계적으로 복귀된 상태를 유지한다.

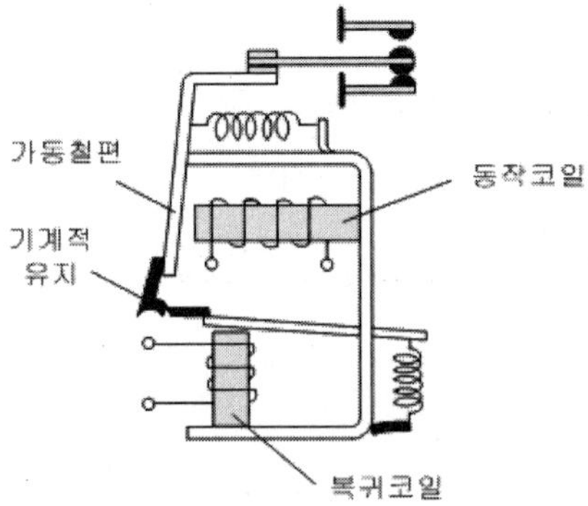

그림 11.6 유지형 릴레이

유지형 릴레이의 특징은 코일에 전류가 흐르는 시간이 짧고 소비되는 전력이 적으므로, 발열량이 적어서 소형 코일을 사용할 수 있으므로 대형의 전자 접촉기나 차단기에 응용된다. 또한 유지형 릴레이는 출력 접점의 개폐가 정전되었을 때에도 그 상태가 그대로 유지되므로, 정전이나 전압 강하 등의 원인으로 전자 개폐기가 개방되어서는 안 되는 중요한 회로에 사용된다.

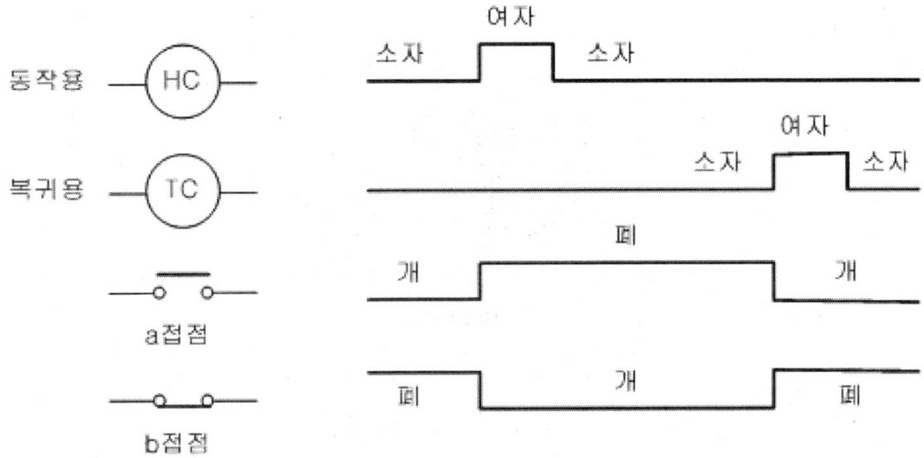

그림 11.7 유지형 릴레이의 동작 특성

11.4 플리커 릴레이

플리커(flicker) 릴레이는 경보 및 신호용으로 사용하기 위하여 전원을 투입과 동시에 일정한 시간을 두고 계속해서 점멸 동작이 이루어지는 릴레이이다. 이때 점멸되는 시간은 조절 가능하다.

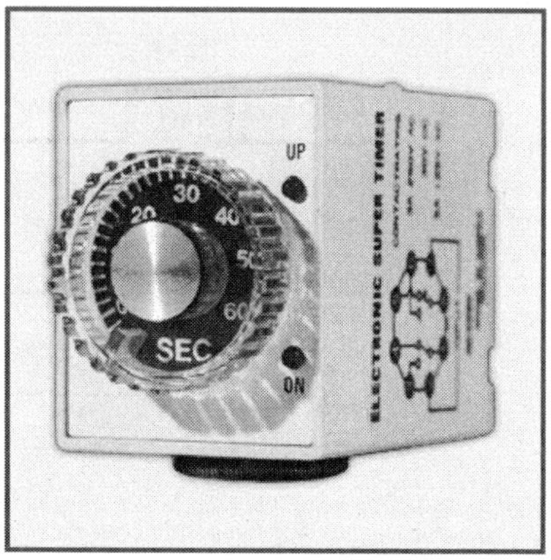

그림 11.8 플리커 릴레이

플리커 릴레이의 동작을 예를 들어 설명하면 다음과 같다. 그림 11.9에서 2번과 7번에 전원을 투입하면 코일이 전자석이 되어 일정한 시간을 두고, 8번과 5번에서 8번과 6번으로, 다시 8번과 6번에서 8번과 5번으로 반복하여 이동한다.

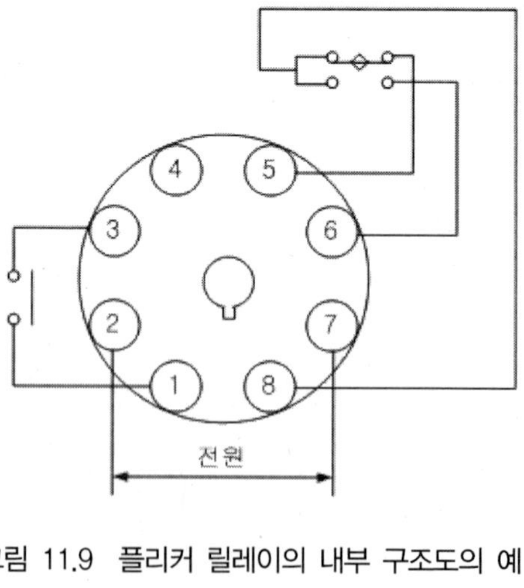

그림 11.9 플리커 릴레이의 내부 구조도의 예

11.5 열동 과전류 계전기

제어 대상, 예를 들어 전동기의 과부하 또는 구속 상태 등으로 정격 전류 이상의 과전류가 흐르면 고가 전동기의 소손으로 경제적 피해 및 화재의 위험성이 따른다. 따라서 주회로 과부하 또는 단락으로 정격 전류 이상의 과부하 전류가 흐르면 주회로에 삽입된 히터에서 발생된 열에 의하여 바이메탈(bimetal)이 휘어지는 원리를 이용하여 회로의 개폐기를 차단하여 전동기의 소손을 방지할 수 있는데, 이러한 목적으로 사용되는 것이 **열동 과전류 계전기**(thermal over-current relay)이다.

열동 과전류 계전기에 흐르는 부하 전류가 정상이면 접점이 정상 상태로 폐로 상태를 유지한다. 여기서 부하 전류가 증가하면 전류의 제곱에 비례하는 저항열에 의하여 바이메탈이 가열되면서 바이메탈이 휘어져서 접점이 열리면서 코일에 흐르는 전류를 차단하여 전자 접촉기가 개방되므로 전동기의 소손을 방지할 수 있게 된다.

열동 과전류 계전기는 저항 발열체와 바이메탈을 조합한 열동 소자(heat element)와 접점으로 구성되어 있으며, 주회로에서 발생되는 저항열에 의하여 바이메탈에 의해 전원이 차단된다.

열동 과전류 계전기는 다음과 같은 요소로 구성되어 있다.

- **전류 조정 다이얼** : 다이얼로 작동 레버의 간격을 조정하여 전류 용량을 80～120% 까지 전류 범위를 조정한다.
- **주회로 단자** : 부하 전류가 흐르는 단자로 바이메탈과 히터가 연결되어 있다.
- **복귀 버튼** : 열동 과전류 계전기의 가동 접점을 수동으로 조작할 때 사용된다.
- **바이메탈** : 부하에 과전류가 흐르면 저항열에 의하여 바이메탈이 휘어져 압판을 밀어서 작동 레버가 가동되어 접점을 차단시킨다.
- **가동 접점** : 작동 레버와 압판에 의하여 동작하며 b 접점에 접촉되어 회로를 구성한다.

그림 11.10 열동 과전류 계전기

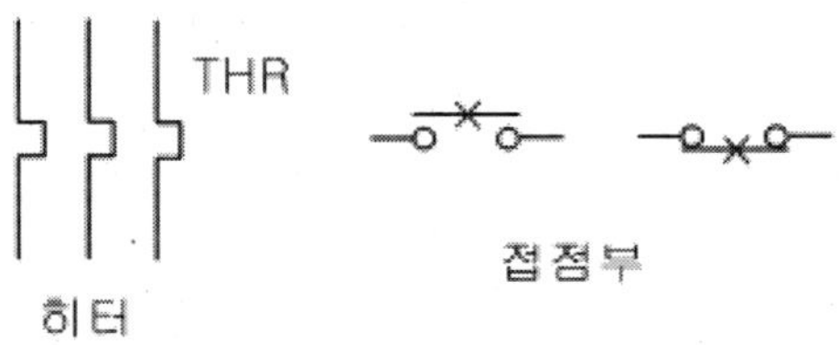

그림 11.11 열동 과전류 계전기 기호

11.6 타이머 릴레이

타이머(timer)는 한시 계전기라고도 하는데 시퀀스 제어 회로에서 미리 정해진 시간이 경과한 후에 회로를 전기적으로 개폐하는 접점을 가진 계전기를 말한다.

타이머를 구조에 의하여 분류하면 다음과 같다.

■ 모터식 타이머

모터식 타이머는 전기적인 입력 신호에 의하여 워렌 모터(동기 전동기의 일종)를 회전시켜 전원에 비례하는 회전 속도를 시한의 기준으로 하여 설정 시간이 경과한 후 출력 접점을 개폐하는 계전기이다.

모터식 타이머에 입력 신호가 인가되면 전자석의 흡인 작용에 의해 클러치가 결합되어 클러치 다음 단의 캠이 회전하면서 접점을 동작시키는 구조로, 동작이 안정되고 비교적 긴 시간을 설정할 수 있는 특징이 있다.

■ 전자식 타이머

전자식 타이머는 콘덴서와 저항의 결합에 의한 충방전 특성을 이용하여 설정 시간을 지연하는 방식으로 콘덴서의 단자 전압이 규정 값에 도달하였을 때 전자 릴레이 또는 반도체로 출력의 접점을 개폐시키는 계전기이다. 전자 타이머에서는 기계적인 작동 부분이 적어서 진동, 충격에 강하고 고빈도의 동작이 가능하며 기계적 수명이 길다.

전자식 타이머에는 아날로그 타이머와 디지털 타이머가 있다.

① 아날로그 타이머

전자식 타이머에서 가장 많이 사용되는 타이머로서 동작 형식에 따라 한시 동작 순시 복귀하는 On-delay 타이머와 순시 동작 한시 복귀하는 Off-delay 타이머로 나눈다. 또한, 타이머 동작 상태가 설정 시간 이후에 반복되는 플리커 릴레이도 있다.

② 디지털 타이머

입력 전원의 주파수를 반도체의 계수 회로에 의해 계수하여 0.1초, 1초, 10초, 100초의 각 단에서 주파수로 분주하여 시간을 얻어내고 외부 스위치에서 설정된 값과 계수 값이 일치하면 출력하는 타이머로 계수식 타이머라고도 한다.

타이머와 동작 원리와 특징을 정리하면 다음의 표 11.2와 같다.

표 11.2 타이머의 동작 원리와 특징

분　류	모터식 타이머	전자식 타이머
동작 원리	전기적인 입력 신호에 의해 전동기를 회전시켜, 그 기계적인 동작에 의해 소정의 시간이 경과한 후 접점을 개폐시킨다.	콘덴서와 저항의 결합에 의해 충전과 방전 특성을 이용하여, 시간 지연을 취하고 전자 릴레이의 접점을 개폐시킨다.
조작 전압	AC 110 / 220 V	AC 110 / 220 V DC 12 V, 24 V, 48 V
설정 시간	1초 ~ 24시간	0.05 ~ 60초
시한 특성	ON	ON / OFF
설정시간오차	± 1 ～ ± 2 %	± 1 ～ ± 3 %
수　명	보통	길다
특　징	• 짧은 시간부터 장시간에 이르기까지 가능하다. • 동작 시간의 경과 표시가 가동 지침에 의해 가능하다. • 온도 변화, 전압 변동의 영향이 적다.	• 미소 시간의 설정이 가능하다. • 고빈도의 동작이 가능하고 기계적 수명이 길다.

■ ON-Delay 타이머

ON-delay 타이머는 간단히 ON 타이머라고도 하며 한시 동작, 순시 복귀를 하는 동작 특성을 보인다. 즉, 타이머 코일이 여자되면 일정 시간 후에 동작되고, 소자되면 순시 복귀하는 타이머이다.

여기에서 간단히 타이머 개폐 동작에 대한 설명을 하면 다음과 같다.

- **한시 동작** : 시간의 차이를 두고 개폐되는 동작
- **순시 동작** : 시간의 차이 없이 순간적으로 개폐되는 동작
- **한시 복귀** : 시간의 차이를 두고 복귀하는 동작
- **순시 복귀** : 시간의 차이 없이 순간적으로 복귀하는 동작

그림 11.12에서 푸시 버튼 PBS가 작동했을 때 가변저항 R1을 통하여 전류가 흐르게 되고 이 전류는 릴레이 K1의 b 접점을 통하여 콘덴서 C를 충전시킨다. 콘덴서가 여자 전압에 이르게 되면 릴레이 K1을 작동시키게 된다.

시간은 가변저항 R1에 의해서 조절되며 릴레이 K1이 작동하게 되면 회로는 a 접점을 통하여 연결된다. 따라서 콘덴서는 저항 R2를 통해서 방전된다.

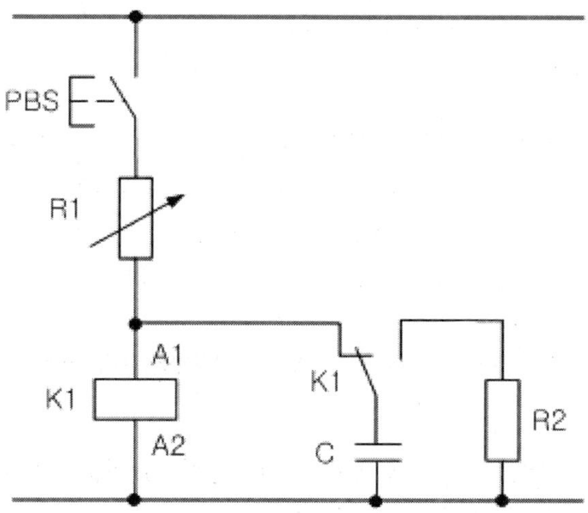

그림 11.12 ON-Delay 타이머의 구조

On-delay 타이머의 기호를 정리하면 그림 11.13과 같다.

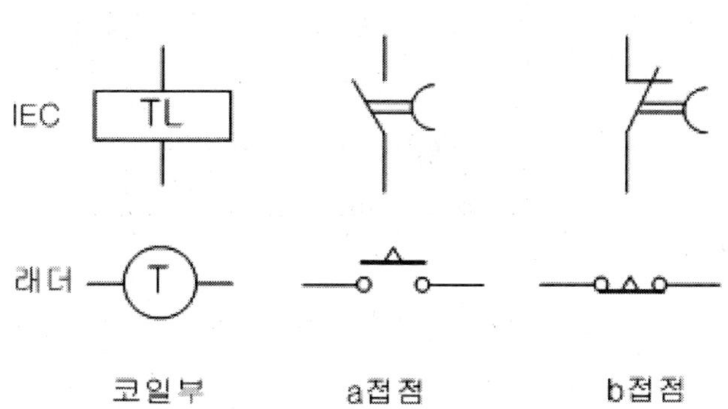

그림 11.13 ON-Delay 타이머의 기호

On-delay 타이머의 동작 특성을 정리하면 그림 11.14와 같다.

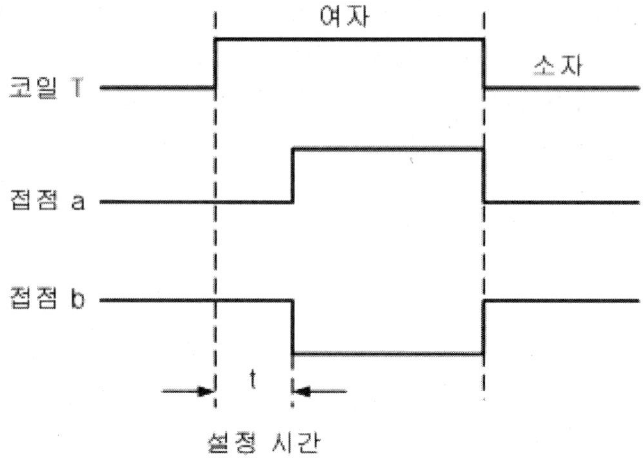

그림 11.14 ON-Delay 타이머의 동작 특성

그림 11.15에는 타이머의 내부 구조를 예로 들어 보여준다. 내부 구조에서 보듯이 타이머는 타이머 접점뿐만 아니라 일반 접점도 갖고 있다.

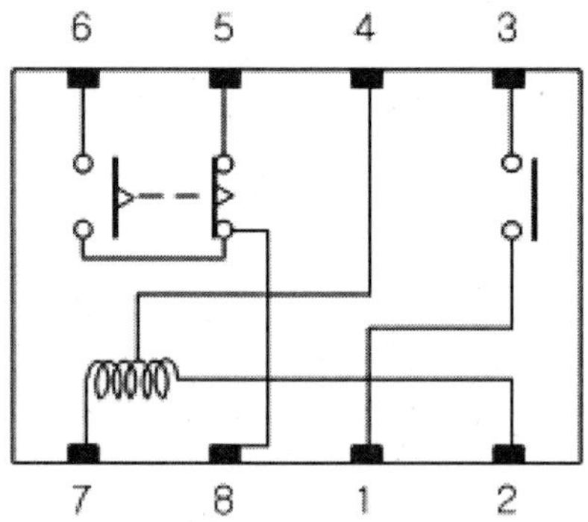

그림 11.15 타이머의 내부 구조

■ OFF-Delay 타이머

OFF-delay 타이머는 간단히 OFF 타이머라고도 하며 순시 동작, 한시 복귀를 하는 동작 특성을 보인다. 즉, 타이머 코일이 여자되면 순시 동작하고 소자되면 일정 시간 후에 복귀하는 타이머이다.

그림 11.16에서 푸시 버튼 PBS가 작동했을 때 릴레이 K1이 작동하고 즉시 출력이 나오게 된다. 저항 R2에 의해서 이미 충전되어 있던 콘덴서 C는 저항 R1과 접점 K1을 통해서 연결된다.

푸시 버튼 PBS가 개방될 때까지 이 상태가 계속 유지되고 푸시 버튼 PBS가 개방되면 콘덴서 C는 가변저항 R1을 통하여 방전된다. 따라서 방전이 다 될 때까지 K1이 작동된 상태를 그래도 유지하게 된다.

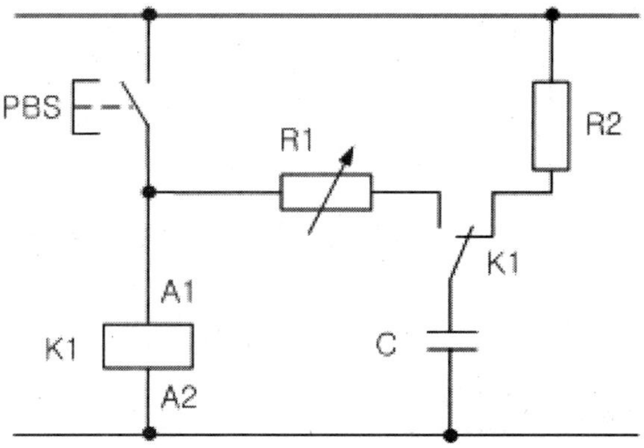

그림 11.16 OFF-Delay 타이머의 구조

Off-delay 타이머의 기호를 정리하면 그림 11.17과 같다.

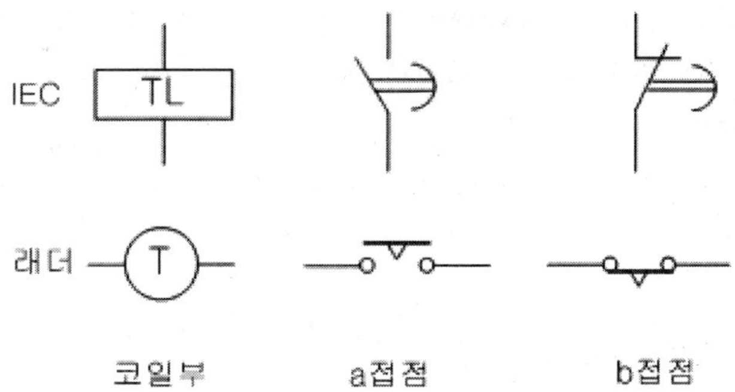

그림 11.17 OFF-Delay 타이머의 기호

Off-delay 타이머의 동작 특성을 정리하면 그림 11.18과 같다.

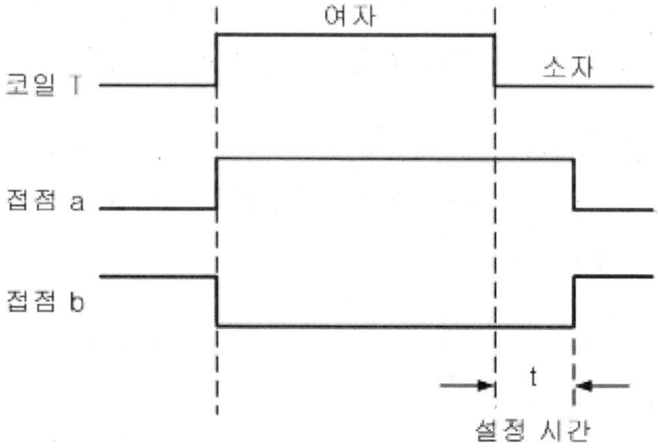

그림 11.18 OFF-Delay 타이머의 동작 특성

11.7 전자 접촉기

전자 접촉기(electromagnetic contactor)란 전자석의 동작에 의하여 부하 회로를 빈번하게 개폐하는 접촉기를 말하며 일명 플런저형 전자 계전기라고 한다.

접점에는 주 접점과 보조 접점이 있으며, 주 접점은 전동기를 기동하는 접점으로 접점 용량이 크고 a 접점만으로 구성되어 있다. 보조 접점은 보조 릴레이와 마찬가지로 작은 전류 및 제어 회로에 사용하며, a 접점과 b 접점으로 구성되어 있고 주 접점과 보조 접점은 동시에 동작한다.

전자 접촉기는 전동기, 야간 저장 히터, 가열 시스템, 에어컨, 크레인 등의 개폐에 사용된다.

전자 접촉기의 **장점**은 다음과 같다.

- 적은 제어력으로 고부하를 개폐할 수 있다.
- 제어 회로와 주 회로 사이에 금속적으로 절연되어 있다.
- 정비가 적다.
- 온도에 영향을 크게 받지 않는다.

전자 접촉기의 **단점**은 다음과 같다.

- 접촉적 마멸이 있다.
- 개폐 잡음이 크다.
- 크기가 크다.
- 개폐 속도가 10~50 ms로 제한되어 있다.

전자 접촉기를 잘 선택하기 위해서는 사용 동력, 적용 등급, 스위칭 횟수 등을 고려해야 한다.

그림 11.19에서는 전자 접촉기의 구조를 보여준다.

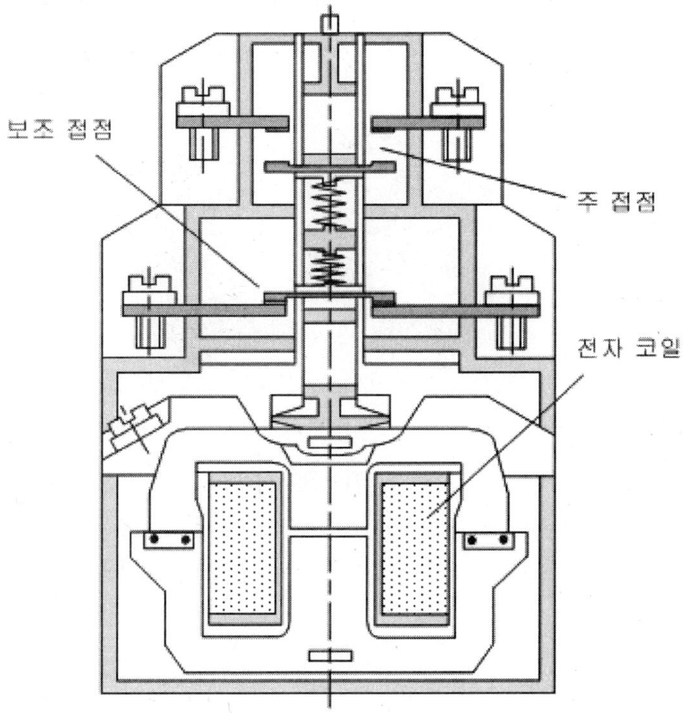

그림 11.19 전자 접촉기의 구조

전자 접촉기의 접점 구성을 래더 기호로 구성화면 그림 11.20과 같다.

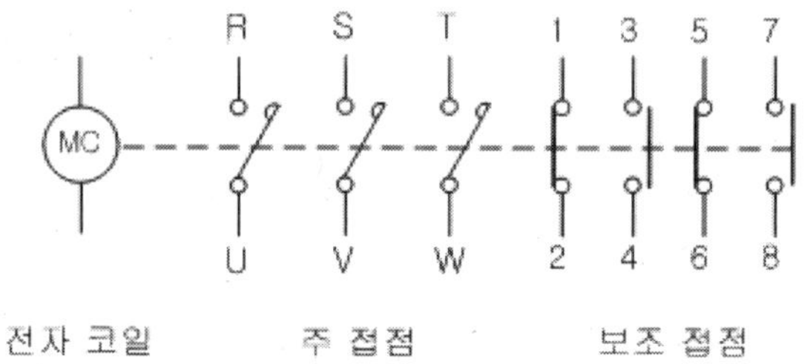

그림 11.20 전자 접촉기의 기호

그림 11.21 전자 접촉기

11.8 전자 개폐기

전자 개폐기(electromagnetic switch)는 전자 접촉기에 전동기의 보호 장치인 열동 과전류 계전기를 조합한 주회로용 개폐기이다. 전자 개폐기는 전동기 회로를 개폐하는 것을 목적으로 사용되며 정격 전류 이상의 과전류를 차단하는 것을 목적으로 한다.

전자 개폐기는 사용 전압과 허용 전류 등에 따라 구분하며, 사용 목적에 따라 방폭형, 방진형 및 조합형 등이 있으며 전자 개폐기의 용도에 따라 선택하여 사용한다.

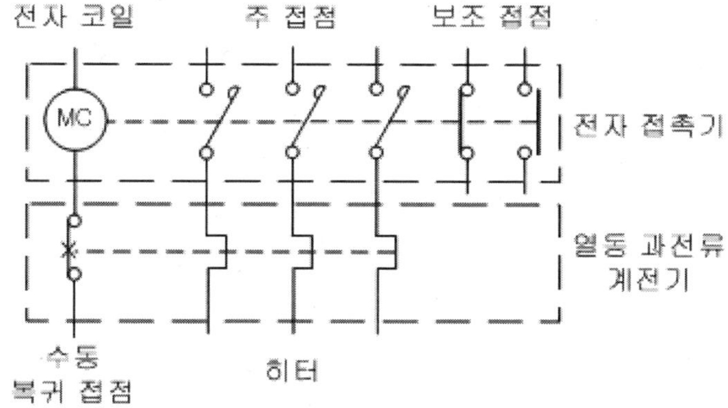

그림 11.22 전자 개폐기의 기호

그림 11.23 전자 개폐기

CHAPTER 12

센서

1960년대 센서(sensor)라는 말이 처음 사용되기 시작한 이래 여러 가지 표현으로 센서가 정의되어 왔다. 현재까지도 엄격한 의미로서 체계적인 정의는 없지만 대체적으로 다음과 같이 정의하고 있다. 간단한 의미로 **"측정 대상물로부터 감지 또는 측정하여 그 측정량을 전기적인 신호로 변환하는 장치(device)"**, 좀 더 세부적으로는 **"온도, 압력, 유량, pH 등과 같은 물리량이나 화학량의 절대치나 변화, 또는 소리, 빛, 전파의 강도를 감지(sense)하여 유용한 신호(signal)로 변환하는 소자 또는 장치"** 로 정의된다.

센서와 함께 유사한 용어로서 트랜스듀서(transducer), 검출기, 감지기, 상태정보의 검출장치 등이 많이 사용되고 있는데 이들과 센서를 엄격히 구분하여 사용하기란 용이하지 않다. 센서는 계측대상의 상태에 관한 정보를 획득하는 장치이고 트랜스듀서는 계측대상의 상태량을 이에 대응하여 측정 가능한 물리량의 신호로 변환하는 장치이다. 따라서 특히 트랜스듀서로서 강조하고 싶은 경우를 제외하고는 모두 센서라는 표현을 사용하도록 한다.

이처럼 센서라는 명칭이 사용된 것은 최근의 일이지만 많은 종류의 센서가 가전용, 산업용 기기에 응용되고 있으며 메카트로닉스(mechatronics)의 핵심 요소, 혹은 첨단 과학기술의 첨병기술로 인식되어 기술개발에 많은 관심이 집중되고 있다. 또한 산업의 구조가 정보화, 자동화로 되어감에 따라 센서는 이제 필수 중점 요소로서 인식되고 있다.

따라서 센서를 개별적인 데이터의 계측뿐만 아니라 정보를 조건에 따라 처리하여 정보화 하는 센서기술이 등장하게 되었다. 센서기술이라는 용어는 최근에 사용된 것으로 복합적 기술구조를 갖추어야 하므로 응용 면에서는 산업계 전반에 걸쳐 있으므로 어느 기술 분야보다도 활발하지만 기술체계 면에서는 아직 미약한 상태이다.

이러한 센서기술의 궁극적인 목표는 사람의 5감 기능을 더욱 확대, 보완하여 고성능의 감각기관을 개발하는 데 있다고 할 수 있다. 더불어 고성능은 물론 다기능 및 복합화 함으로 센서의 스마트화에 의한 인공지능 센서의 개발에 있다.

일반적으로 센서는 외계와의 인터페이스로서 외계에 직접 노출되므로 항시 가혹한 환경에서도 장시간 안정하게 동작하여야 하는 것이 요구된다. 특수한 용도는 일시적으로 사용되는 것만으로도 충분하지만 대개는 온도변화, 열적·기계적 스트레스, 습도·염분 등에 의한 화학변화, 전자계나 광의 영향 등을 받지 않고 동작되어야 한다. 특히 제어계를 구성하는 기본요소로서, 센서를 사용하다 발생하는 고장은 그 영향이 매우 심각하다. 따라서 센서는 고안정성, 고신뢰성, 긴 수명, 고내구성 등이 센서의 기본요건이다.

근접 센서란 센서의 검출면에 접근하는 물체, 혹은 근방에 존재하는 물체의 유무를 전자계의 에너지를 이용하여 기계적 접촉 없이 검출하는 센서를 말한다. 또한 근접 센서는 그 동작 원리에 따라 유도형(고주파 발진형), 정전 용량형, 자기형, 광전형, 초음파형 등으로 분류되는 데, 일반적으로 근접 센서라 하면 유도형과 정전 용량형을 의미하며, 자기형은 리드 스위치를, 광전형은 광전 스위치로 구별하고 있다. 근접 센서의 형상은 각형, 원통형, 주형, 관통형, 다점형 등이 있으며, 다음의 이유로 하여 원통형이 주로 사용되고 있다.

- 센서의 설치 부위가 비교적 작고 금속 내에 매입 가능한 기종이 많다.
- 외부에 가공된 나사에 의해 미소한 위치 결정 조작이 용이하고, 사용 용도별로 다양한 기종과 설계 조건에 따른 호환성이 높다.
- 단일 형상을 사용함으로 기종 선정의 선택성이 높다.

이러한 근접 센서가 갖는 **장점**은 다음과 같다.

- 비접촉 감지 동작으로 마모의 염려가 없다.
- 비교적 수명이 길고, 신뢰성이 높다.
- 접점부의 밀봉으로 내환경성(물, 기름, 먼지)이 우수하다.
- 빠른 스위칭 주기를 갖는다.

12.1 전기 리드 스위치

리드 스위치(reed switch)는 1936년 미국 BELL 연구소에서 개발되어 1940년대에는 항공기나 병기에, 1956년부터는 전화교환기에 사용되었다. 이러한 리드 스위치는 응답속도가 빠르고 유리에 봉입되어 접촉 신뢰성이 높은 등의 장점으로, 현재 전자 제어장치, 기계 제어장치 등 자동 기기의 스위칭 소자로서 널리 활용되고 있다.

리드 스위치의 기본 구조는 백금, 금, 루테늄, 로듐 등의 귀금속으로 이루어지는 접점 도금을 한 자성체 리드 편을 적당히 접점 간격을 유지하도록 하고 유리관 중에 질소와 수소 혼합 가스와 같은 비활성 가스와 함께 봉입한 것이다.

접점 형식에 따라 노멀 오픈(normal open)형, 바이어스용 영구 자석을 부가해서 접점을 닫은 상태로 유지한 노멀 크로즈(normal closed)형, 고정 접점을 2개 설치해 배치한 트랜스퍼(transfer)형 등이 제작되고 있다. 리드의 겹친 부분은 전기 접점으로서의 역할과 동시에 자기 접점으로서 역할도 하고 있다. 동작계와 전기 회로가 동축 상에 구성된 구조로 되어 있다.

리드 스위치의 동작 원리는 구조에서 추측할 수 있듯이 막대자석을 리드 스위치에 접근시키면 연질 강자성 재료의 리드 편은 자계의 방향에 따라 자화되고 리드 편이 N극, S극을 갖게 되어 접점부는 서로 끌어당기는 인력이 발생한다. 이 자기적 흡인력이 리드의 기계적 탄성력을 능가하면 접점을 폐로하는 전류가 흐르게 된다. 외부 자계가 없어지면, 리드편은 자기를 띠고 있지 않던 최초의 상태로 되돌아가고 전기 회로는 오픈 된다. 그림 12.1은 실린더 위치를 감지하기 위해 실린더 몸통에 부착된 리드 스위치의 응용을 보여준다.

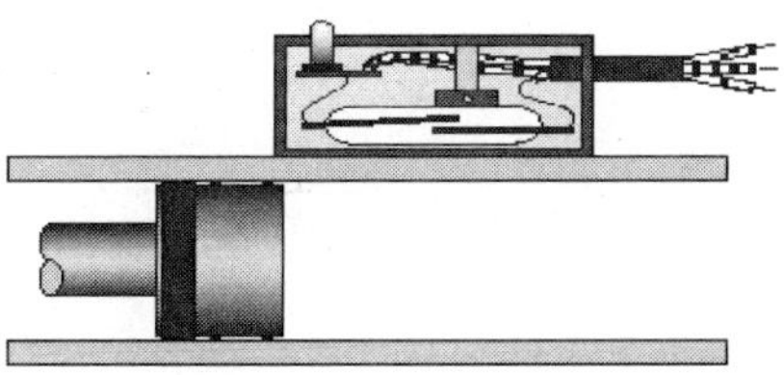

(a) 동작 전

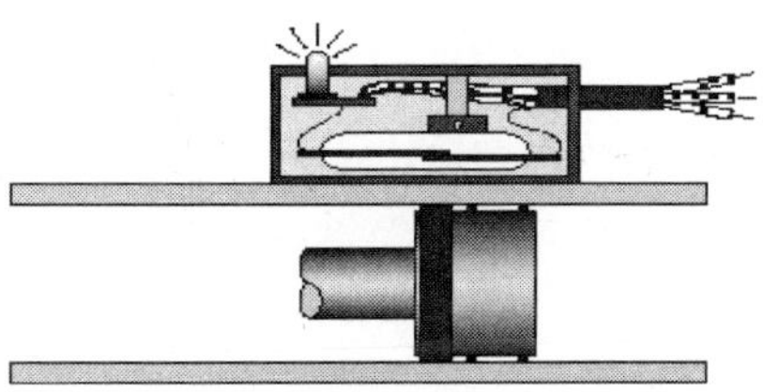

(b) 동작 후

그림 12.1 리드 스위치 동작

이와 같은 리드 스위치는 다음과 같은 특성을 갖고 있다.

- 접점부가 완전히 밀폐되어 가스, 액체, 고온 고습 환경에서도 안정하게 동작한다.
- ON/OFF 동작시간이 비교적 빠르고 (〈 1ms), 반복 정밀도도 우수하다. (±0.2㎜)
- 사용 온도 범위가 넓다. (-270~+150℃)
- 내전압 특성이 우수하다. (〉 10KV
- 동작 수명이 길다.
- 소형, 경량, 저가격이다.

이러한 리드 스위치는 자동차, 가정 전기기기, 계측기기 등에 널리 사용되고 있다. 최근에는 비교적 가벼운 부하의 개폐로부터 중부하의 개폐 쪽으로 용도가 확대되고 있다.

리드 스위치의 사용에 있어서 다음과 같은 주의가 필요하다.

- 유리관이 하우징 재료로 사용되고 있으므로 강한 외부 응력은 피한다.
- 과도한 충격을 가하지 않는다.
- 부하 조건으로 수명이 크게 좌우되므로 사용 조건의 검토가 필요하다.

12.2 유도형 센서

유도형 근접 센서(inductive proximity sensor)는 자계를 이용하여 검출하는 센서로 1958년 독일의 화학회사에서 개발된 것을 근간으로 하고 있다. 유도형 센서는 금속에만 반응하는 센서이다.

유도형 센서의 주요 구성요소에는 발진회로, 검파 회로, 트리거 회로, 출력 회로가 있으며 그림 12.2와 같다.

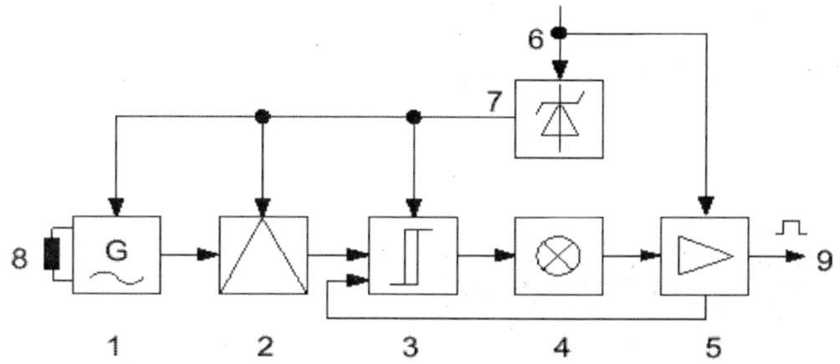

1 발진 회로 2 변조 회로 3 트리거 회로 4 동작 상태 표시 회로 5 출력 회로
6 외부 전원 공급 7 정전압 공급 회로 8 검출면 9 센서 출력

그림 12.2 유도형 근접 센서의 구조

센서에 전원이 공급되면 LC 발진 회로에 의한 고주파의 자장이 검출면에서 발진이 시작되고 이를 위한 일정 크기의 전류가 흐르게 된다. 이 때 검출면에 전기적 도체가 접근하면 전자유도에 의한 와전류(eddy current)가 도체 내에 발생되고, 이 영향으로 근접 센서의 발진 에너지는 감소하게 된다. 이 발진감쇠 현상은 검파 회로에 의해 포착되어 트리거 회로를 통해 2진 신호형태로 출력된다. 그림 12.3에는 유도형 근접 센서의 동작원리를 나타내었으며, 일반적으로 센서의 검출거리는 센서의 검출면의 크기와 감지 대상물의 재질에 따르지만 대체로 센서 직경의 1/2정도이고 스위칭 시간은 매우 짧아 2,000 pulse/sec 정도이다.

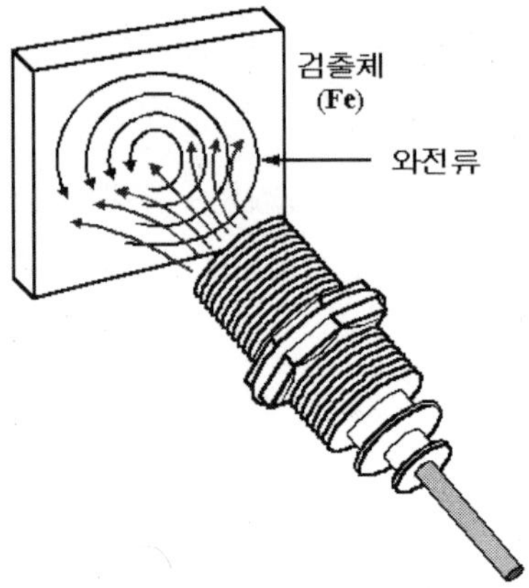

그림 12.3 유도형 근접 센서의 동작원리

12.3 정전용량형 센서

정전용량형 근접 센서(capacitive proximity sensor)는 전계 중에 존재하는 물체 내의 전하 이동, 분리(분극 : 외부 자계에 의하여 물체 내부의 전하가 분리되는 것)에 따른 정전용량의 변화를 검출하는 것으로 플라스틱, 유리, 도자기, 목재와 같은 절연물(유전체)과 물, 기름, 약물과 같은 액체도 검출이 가능하다. 따라서 정전용량의 변화를 이용한 액체의 레벨 검출도 가능하다. 이는 범용의 레벨 스위치에 비해 일반적으로 검출감도가 높고, 미세한 정전용량의 변화에 대해서도 반응을 한다.

정전용량형 근접 센서의 앞에 물체가 놓이게 되면 센서와 그라운드 사이의 정전 용량(electric capacitance)이 증가하게 된다. 즉, 콘덴서의 두 판 사이에 유전율(di-electric constant)이 1보다 큰 물질이 놓여서 콘덴서의 용량이 증가되는 것과 마찬가지로 센서 앞에 어떤 물체가 놓이면 센서에 평소보다 많은 전기가 저장될 수 있게 된다. 공기를 제외한 모든 물체는 유전율이 1보다 크기 때문에 이 센서는 모든 물체를 검출할 수 있게 되는 것이다.

그러나 종이와 같이 유전율이 크지 않은 물체는 어느 정도 이상의 두께가 되어야만 가능하며 스위칭 시간은 유도형 센서보다 커서 10 pulse/sec 정도이다. 그림 12.4에 용량형 센서의 구조를 나타내었다.

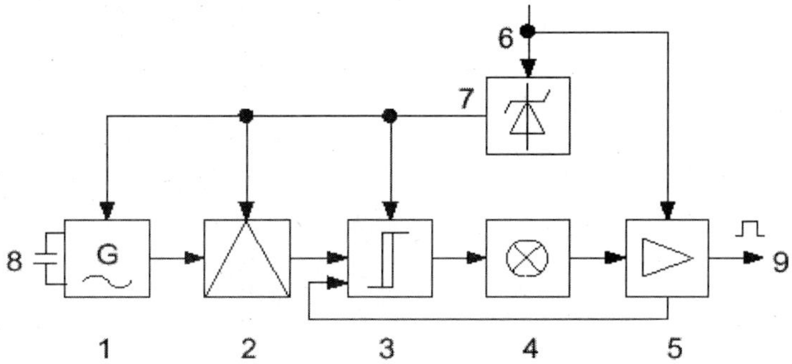

1 발진 회로 2 변조 회로 3 트리거 회로 4 동작 상태 표시 회로 5 출력 회로
6 외부 전원 공급 7 정전압 공급 회로 8 검출면 9 센서 출력

그림 12.4 용량형 근접 센서의 구조

센서에 전원이 공급되면 대지는 -전하로 센서 전극은 +전하로 대전되어, 이들 사이에 약한 전계가 형성된다. 이때 전극에 충전되는 전하를 Q, 전극에 가해지는 전압을 V, 정전용량을 C라 할 때 Q = C · V의 관계로 표현된다. 검출체가 센서에 접근하면 물체 내부는 통상 중성이고 전하는 분리되기 시작한다. 그 결과 전극의 +전하는 증가하게 된다. 따라서 충전 전하 Q가 증가하게 되는데, 이는 전압 V가 일정하므로 정전용량 C가 증가하는 것과 같다.

정전용량형 센서의 발진 회로는 전극과 전원선 간의 정전용량이 변화하면, 발진 상태가 변화하게 된다. 이 때 전원선과 지면은 직접 도체에 접속되어 있지 않지만, 배선에 의한 정전용량이 전극과 대지간의 정전용량에 비해 크므로 전원선은 접지되어 있는 것으로 가정할 수 있다.

따라서 센서는 정전용량의 변화에 의해 발진 주파수가 변화하게 되고, 이 발진 주파수의 변화를 검파하여 출력하게 된다. 즉, 정전용량형 센서는 감지되지 않은 상태에서 약 1mA 이내의 전류가 흐르다가 감지거리 내로 검출체가 센서에 접근하면 약 4mA로 상승된다. 또한 센서에는 감도(감지 정도)를 조절할 수 있는 포텐쇼미터(potentiometer)가 부착되어 있다.

센서 전극의 정전 용량은 검출체의 크기, 두께, 유전율과 관계가 있다. 따라서 센서의 검출 거리에 영향을 미치는 인자로는 검출면과 검출체 사이의 거리, 검출체의 크기, 검출체의 유전율 등을 들 수 있다.

정전용량형 센서를 사용할 경우의 주의 사항은 다음과 같다.

- 가격의 문제로, 금속체를 검출할 때에는 용량형 근접 센서보다 유도형 근접 센서를 이용하는 것이 유리하다.

- 비금속체의 검출 시에는 광 근접 센서가 가격에서 비교적 유리한 경우가 많다.
- 탱크 내 충진 레벨의 검출과 같은 경우는 비교적 용량형 근접 센서가 유리하다.

정전용량형 근접 센서는 모든 물질을 감지할 수 있다는 장점과 온도, 습도의 변화가 심한 곳에서는 사용이 곤란하며, 감지거리가 짧다는 단점이 있다.

12.4 광전 센서

광 근접 센서는 발광부에 의해 만들어진 신호를 전기적 신호로 변환하는 장치이다. 수광부의 응답은 파장의 종류에 따라 달라진다.

광전 센서란 빛을 매개체로 하여 물체의 유무검출에서부터 색채 검출 및 색 농도 검출, 이미지 검출 등에 사용되는 검출기기를 말한다. 즉, 검출대상이 광학적 에너지이며 전자파이기도 하는데, 광에는 눈에 보이는 가시광선이 있고 눈에 보이지 않는 자외선, 적외선 등이 있으며 특히 X선과 같은 극히 투과도가 높은 방사선도 있다.

이러한 광을 응용한 기기에는 복사열의 색상으로 온도를 검출하는 적외선식 온도센서에서부터 광통신, 광 리모컨, 카메라, 투시경, X선 투사기 및 촬영기에 이르기까지 헤아릴 수 없을 정도로 많다. 그러나 통상 광센서라고 하는 것은 물체의 위치나 상태, 자세 등을 검출, 판단하기 위해 사용되는 것으로 검출소자로서는 포토 다이오드(photo diode)를 비롯하여 포토 트랜지스터(photo transistor), CdS 셀, 포토 IC, 태양전지, 이미지 센서 등이 있다.

광센서는 분류하는 방법에 따라 반도체의 접합상태나 수광 소자 등에 따라 분류하기도 하나, 여기서는 광전 효과(photoelectric effect)에 따라 분류한다. 광 센서는 광 에너지를 전기 에너지로 변환하는 일종의 트랜스듀서로서 광과 물질 사이에는 물리적 상호 작용이 작용된다. 즉, 물질이 광자를 흡수하고 그 결과 전자를 방출하게 되는데 이 현상을 광전 효과라고 한다.

광전 스위치란 빛을 내는 투광부와 그 빛이 대상물에 의해서 반사, 투과, 흡수, 차광 등의 변화를 받는 것을 수광부에서 수광하여 ON/OFF 신호를 내는 것을 말한다. 즉, 전기 에너지를 빛으로 변환시키는 발광소자(GaAs, CaAlAs, GaP 등의 PN 접합소자)를 사용하여 빛을 내는 발광부에 의해 검출 대상을 향해 빛을 조사하고, 검출 대상에 의해 변화된 빛을 수신하여 전기적 신호로 변환 및 증폭(포토다이오드, 포토트랜지스터 등의 소자)시키는 수광부를 갖춘 일명의 센서를 광전 스위치라 한다.

넓은 의미에서는 투광부가 없어도 대상물이 방사하는 빛으로 동작하는 것과, 출력이

ON/OFF 신호가 아니고 입광량에 따라 비례 출력하는 아날로그 출력인 것, 그리고 이미지 센서와 같이 여러 개의 센서 소자를 사용하여 치수검사나 결점을 검출하는 것까지 포함된다. 이와 같은 광전 스위치는 물체의 유무나 통과 여부 검출에서부터 크기의 대소, 색상의 차이 판별 등 고도의 정밀 검출까지 할 수 있어 자동화된 기계나 설비의 자동제어, 계측, 안전 장치, 감시 장치, 검사 등의 여러 산업분야에 폭넓게 이용되고 있다. 명칭에서도 광전 스위치, 광전 센서, 빔 스위치, 포토 센서, 포토 스위치, 광센서 등 여러 가지 이름으로 불리고 있지만 광전 스위치가 가장 일반적인 명칭이다.

광전 센서의 **특징**은 다음과 같다.

- 비접촉으로 검출할 수 있다.
- 검출거리가 길다.
- 대부분의 대상물을 검출할 수 있다.
- 응답시간이 빠르다.
- 색의 판별이 가능하다.
- 빛은 수광의 넓이와 굵기를 자유로이 설정하기 쉽다.
- 고정도로 검출할 수 있다.

광전 스위치에서 가장 주의해야 할 점은 먼지 같은 것이 렌즈 면을 덮어서 투, 수광을 방해하는 것이다. 특히 유분이 있는 환경에서 금속의 먼지가 있는 경우에는 대책을 세우지 않으면 사용하기 곤란하다. 또한 외란 광에 주의하여야 한다. 이것에는 충분한 연구가 이루어져 보통 10만 룩스 정도까지는 문제가 되지 않지만 특수한 조건하에서는 주의가 필요하다.

광전 스위치의 발생 광원과 변조방식에는 일반적으로 발광 다이오드 펄스 변조방식이 가장 많이 사용되며 그밖에도 광학램프 직류 점등식이 투과형에 일부 사용되고, 고속응답으로 색 판별 능력을 갖는 고급 마크 센서로 사용되기도 한다.

이와 같은 형식은 외란 광에 대해 강하고, 고감도로 검출거리를 크게 할 수 있다는 장점과, 발광 다이오드 방식이어서 소형이고 전력소비가 적다는 장점 때문에 많이 사용되고 있다. 그러나 변조, 검파를 하므로 응답시간을 고속으로 할 수 없고, 발광 다이오드가 단파장이므로 특정 색의 조합에 대하여 색판별 능력이 없다는 단점도 일부 있다.

■ 투광형 광전 센서

그림 12.5에 나타낸 바와 같이 투광기와 수광기로 구성되며, 설치할 때는 광축이 일치하도록 일직선상에 마주 보도록 해야 한다. 검출체가 접근하여 빛을 차단하면 수광기에서 검출신호가 발생한다. 이 투과형 광전 스위치는 검출거리가 가장 길고 검출 정도도 높으나 투명물체의 검출은 곤란하다.

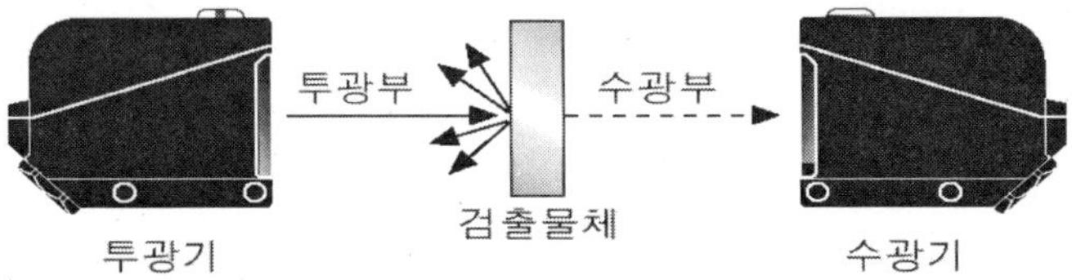

그림 12.5 투광형 광전 센서

■ 반사형 광전 센서

그림 12.6에 나타낸 바와 같이 투광기와 수광기가 하나의 케이스로 조립되어 있고, 반사경으로 미러를 사용한다. 동작원리는 투광기와 미러 사이에 미러보다 반사율이 낮은 물체가 광을 차단하면 출력신호를 낸다. 이 형식의 광전 스위치는 광축 조정은 쉬우나 반사율이 높은 물체는 검출이 곤란하다. 또한 편측 배선뿐이므로 설치 장소나 배선비용이 투과형에 비해 싸게 들고 직접 반사형보다 검출거리가 길다는 장점이 있다.

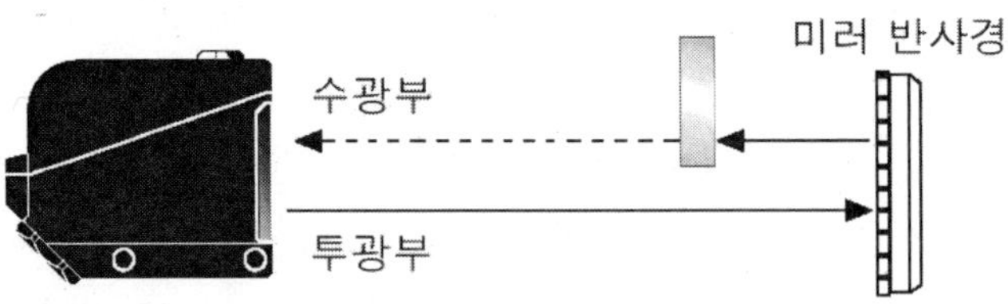

그림 12.6 미러 반사형 광전 스위치

■ 반사형 광전 센서

직접 반사형은 확산 반사형이라고도 하며 미러 반사형처럼 투광기와 수광기가 하나의 케이스에 내장되어 있으며, 투광기로부터 나온 빛이 검출물체에 직접 부딪혀 그 표면에 반사하고, 수광기는 그 반사광을 출력신호를 발생시키는 것으로 그 원리를 그림 12.7에 나타냈다. 이 형식의 특징으로는 미러 반사형처럼 한쪽 배선만으로 배선이 절약되고, 게다가 미러도 필요치 않아 설치 자유도가 크다는 장점과 광축 맞추기 등의 조정이 불필요하고 투명체를 포함하여 거의 모든 물체를 검출할 수 있다. 그러나 검출거리가 3형식 중 가장 짧다는 단점이 있으나 이것이 때로는 장점이 될 수 있다.

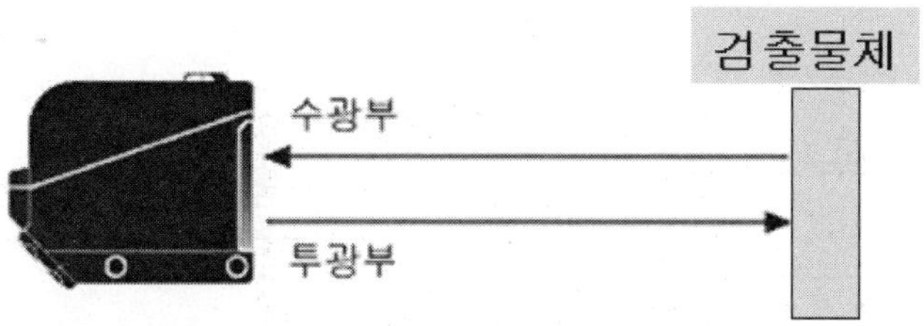

그림 12.7 직접 반사형 광전 스위치

광전 스위치의 출력 형태는 무접점 출력형과 유접점 출력형으로 구분되는데 무접점 출력이 일반적이다. 초기상태로서는 직류형에서는 물체를 검출한 상태에서 ON되는 노멀 오픈(normal open)형과 물체를 검출한 상태에서 출력이 OFF되는 노멀 클로즈(normal close)형이 있으므로 제어 회로 측과 일치되는 것을 선정해야 한다.

교류형에도 역시 노멀 오픈형과 노멀 클로즈형이 있으며, 부하의 구동 방식에 따라서는 2선식과 3선식이 있다. 2선식은 배선에는 편리하지만 반드시 부하를 직렬로 접속하여 사용하지 않으면 안 되므로 주의해야 한다.

■ 광 화이버 센서

광 화이버식 광전 스위치 또는 광 화이버 스위치 등으로 불리는 광 화이버 센서는 광전 스위치와 광 화이버(photo fiber)를 조합시킨 것으로 사용목적은 광전 스위치와 같다. 가장 큰 특징으로는 가늘고 유연성이 풍부한 광 화이버를 이용하여 복잡하고 미세한 부분에 접근할 수 있기 때문에 공간적으로 제약을 받지 않고 검출할 수 있다는 점이다. 게다가 나쁜 환경에서도 높은 신뢰성을 얻을 수 있기 때문에 최근에 자동화용 센서로 널리 사용되고 있는 센서이다.

광 화이버 센서는 그림 12.8에 그 구성 예를 나타낸 바와 같이 투광소자, 수광소자 및 신호처리 회로를 내장하고 앰프유닛과 검출헤드 부분까지 유도되는 광 화이버 유닛으로 구성되어 있다.

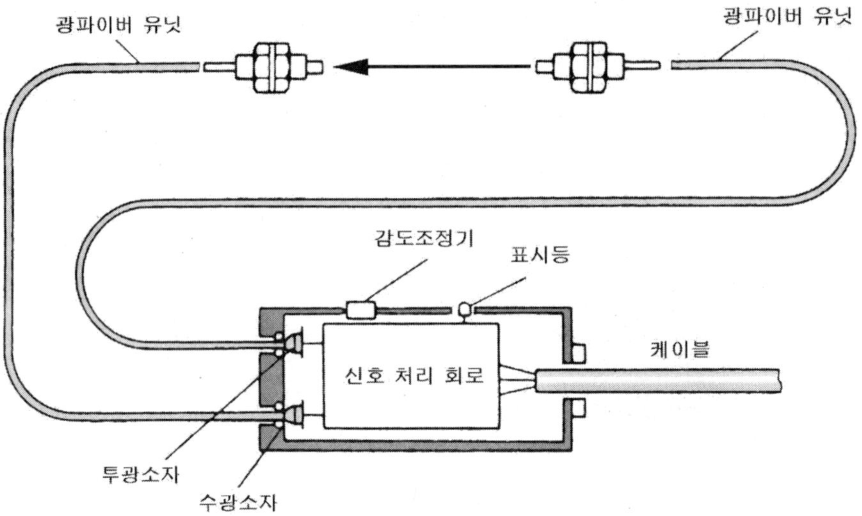

그림 12.8 투과형 광 화이버 센서의 구성

광 화이버는 그림 12.9에 보인 바와 같이 굴절률이 낮은 클러드(clad)와 굴절률이 높은 코어로 구성되어 있다. 광 화이버의 한쪽 단면으로 입사된 광은 코어와 클러드의 경계면에서 전반사를 반복하여 진행하면서 다른 쪽 단면으로 투사되며 이 경우 투사광은 약 60도 각도의 원추형으로 확산된다. 이와 같은 광 화이버를 묶어서 염화비닐이나 실리콘 고무 등으로 외피복을 한 것이 광 화이버 센서에 사용되고 있으며, 광 화이버의 재질에 따라서는 플라스틱형과 유리형으로 분류한다. 플라스틱형 광 화이버의 코어는 아크릴계의 수지로 폴리에틸렌 계의 피복으로 쌓여 있어 가볍고 잘 부러지지 않으며 저가이므로 많이 사용되고 있지만 광 투과율이 적고 열에 약한 단점이 있다. 유리형 광 화이버의 코어는 글라스 화이버로 되어 있고 실리콘 고무나 스테인리스 피복으로 쌓여 있다. 0~50μ 섬유상태의 광 화이버 단선을 약 1~4㎜로 결속하여 사용하는데 광 투과율이 좋고 높은 온도에서 사용할 수 있지만 무겁고 가격이 비싸다.

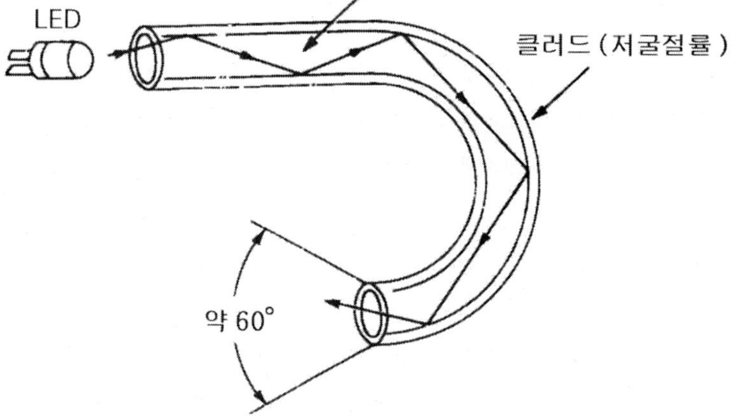

그림 12.9 광 화이버 구성과 원리

광 화이버 센서의 검출거리는 장거리 검출용이 1.5m 내외이며 보통은 100~500㎜ 정도가 표준이고 최소 검출 물체는 형식에 따라 0.1~0.5㎜ 정도이다. 직접 반사형은 평행한 2선의 광 화이버 케이블이 하나의 후드에 결합되어 있는 것으로 검출물체의 반사광을 검출하는 방식이다. 검출헤드 형상에 따라서는 M3~M5정도의 후드를 갖는 일반형과, 투명체 검출을 위한 반사형, 웨이퍼의 미세 단자 검출용에 적합한 한정 반사형, 고정도 위치 검출을 위한 동축 반사형 등이 있다. 검출거리는 일반적으로 200㎜ 정도가 한도이며, 최소 검출물체는 작은 것은 직경 0.015㎜ 정도의 것까지 검출할 수 있다.

12.5 센서의 출력 형식

근접 센서의 출력 형식에는 PNP(positive switching)형과 NPN(negative switching)형이 있다. 일반적으로 positive switching 근접 센서는 PNP 트랜지스터에 의한 출력 회로로 구성된다. 그러나 NPN 트랜지스터에 의한 positive switching을 갖는 근접 센서의 출력 회로 구성도 가능하다.

■ PNP 출력

직류 전원을 사용하는 PNP 출력의 근접 센서는 양의 전원을 출력으로 한다. 즉 센서의 출력단에 부하를 연결할 때, 부하의 다른 한쪽은 0V선에 연결하여야 한다.

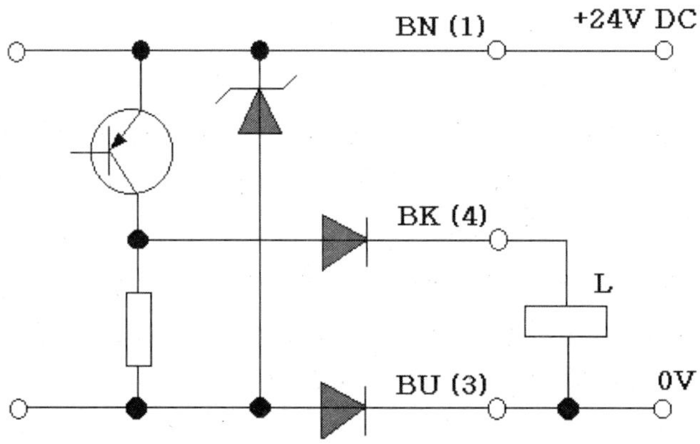

그림 12.10 PNP 출력

■ NPN 출력

NPN 출력을 갖는 근접 센서의 출력은 음의 전원을 출력한다. 즉 센서의 출력단에 부하를 연결할 때, 부하의 다른 한쪽은 전원의 +단자에 연결하여야 한다.

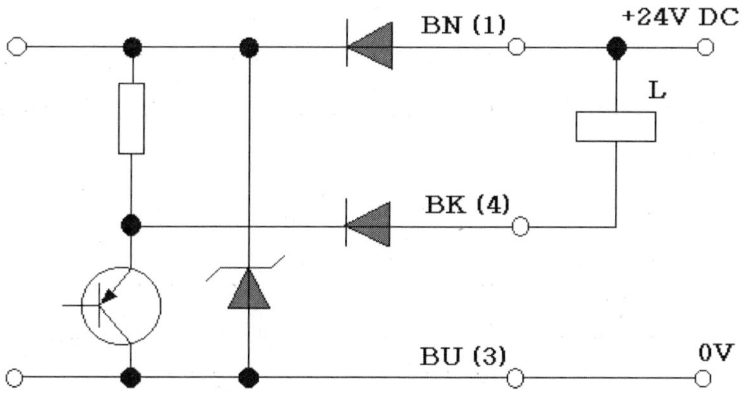

그림 12.11 NPN 출력

근접센서의 출력 접점은 PNP, NPN 출력에 관계없이 a 또는 b접점의 출력을 갖는다. 그림 12.12에는 이들 각각의 경우를 나타내었으며, 전원 공급 단자로 BN은 갈색(brown, +), BU는 청색(blue, -)을, 출력 단자 BK는 검정색(black)을 의미한다.

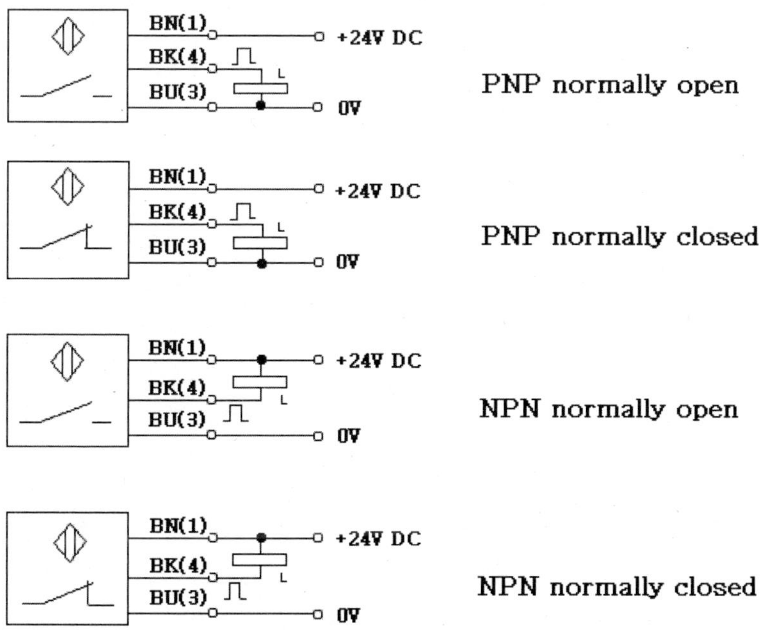

그림 12.12 센서 출력의 배선

■ 응답 시간

센서의 입력 신호가 간헐적으로 계속될 때 제어 출력이 동작 또는 복귀하기까지 늦어지는 시간을 말하며, 일반적으로 ON, OFF형 출력을 갖는 센서에서는 동작 시간(T_{ON})≒복귀 시간(T_{OFF})이다.

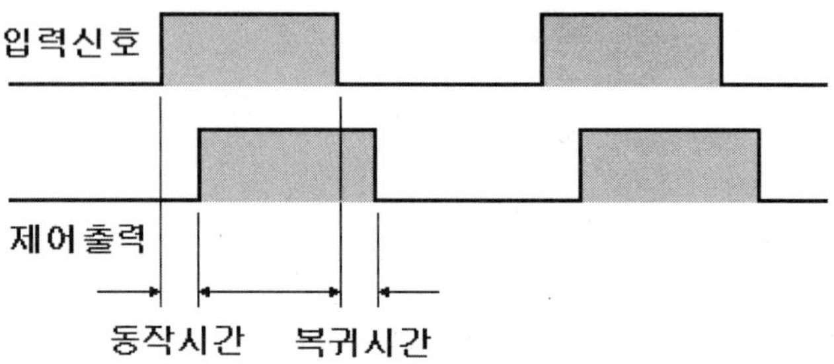

그림 12.13 응답 시간

CHAPTER

13

논리제어

전기에서의 **논리 제어**는 다른 분야에서와 마찬가지로 **일정한 조건이 충족되면 일정한 출력이 나오는 제어 방법**이다.

공압에서는 논리 제어를 위한 AND 밸브, OR 밸브 등의 논리 밸브가 있어서 이들을 사용하였으나 전기에서는 보통 스위치의 접점을 이용하여 해결하기 때문에 특수한 부품을 사용하지는 않는다.

논리 기능에는 YES, NOT, AND, OR, EX-OR, Equivalence, Inhibition 등 여러 가지가 있으나 YES, NOT, AND, OR의 4가지 기본 논리 기능을 조합하면 모두 해결할 수 있게 된다.

13.1 YES 논리

YES 논리란 입력이 존재하게 되면 출력이 존재하게 되는 논리를 의미한다. 그러므로 전기에서 YES 논리가 요구될 때에는 a 접점 스위치가 사용된다. 평상시에는 스위치의 접점이 열려 있다가 입력이 존재하게 되면(스위치가 작동되면) 접점이 연결되기 때문에 출력 신호가 존재하게 된다.

스위치 a를 입력 요소로, 램프 y를 출력 요소로 가정하고 스위치를 누르면 램프에 불이 켜져야 하고 스위치를 off 시키면 램프가 꺼져야 하는 상황이 YES 논리이다.

① 논리식

$$y = a$$

② 진리표

a	y
0	0
1	1

③ 논리도

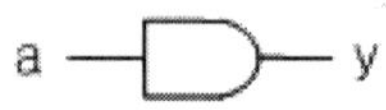

④ 회로도

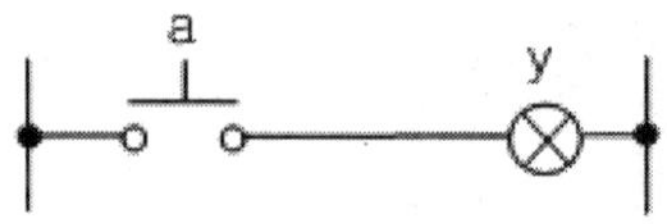

⑤ 타임 차트

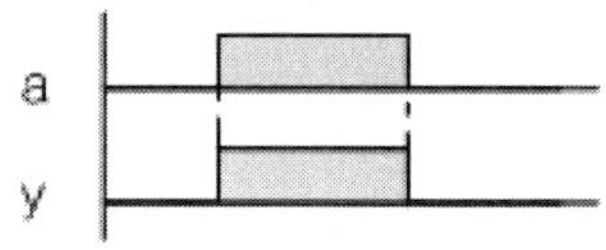

13.2 NOT 논리

NOT 논리는 입력 조건이 충족되면 출력 신호가 존재하지 않게 되고, 입력 조건이 충족되지 않게 되면 출력 신호가 존재하게 되는 논리로서 YES 논리의 반대 논리이다. NOT 논리는 부정의 논리이므로 전기에서는 상시 닫힘형의 스위치 접점인 b 접점의 스위치가 사용된다. b 접점 스위치는 평상시에 스위치의 접점이 연결되어 있기 때문에 출력 신호가 존재하게 된다. 스위치가 작동하게 되면 스위치의 접점이 떨어지므로 NOT 논리를 나타내게 된다.

① 논리식

$$y = \overline{a}$$

② 진리표

a	y
0	1
1	0

③ 논리도

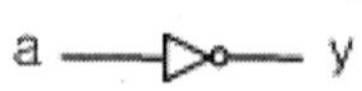

④ 회로도

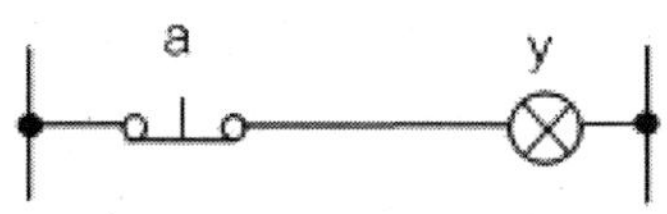

⑤ 타임 차트

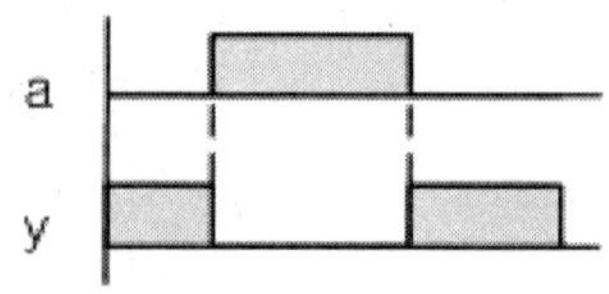

13.3 AND 논리

AND 논리는 2가지 이상의 조건이 요구될 때 입력되는 모든 조건이 만족될 때에만 출력 신호가 존재하게 되는 논리이다. 그러므로 AND 논리를 집합으로 표현하면 교집합을 의미하고 논리 방정식으로는 곱하기로 표시되기 때문에 논리곱이라고도 한다.

입력 조건이 2개일 때 AND 논리가 요구될 때에 전기에서는 2개의 a 접점 스위치를 직렬로 연결하여 해결한다. 2개의 a 접점 스위치를 직렬로 연결하게 되면 2개의 스위치가 모두 작동되어야만 최종 출력 신호가 존재하게 되므로 AND 논리를 나타내게 된다. AND 논리는 모든 조건이 만족될 때에만 출력 신호가 존재하게 되므로 물체의 존재 유무 등을 확인하는 검사회로 또는 작업자의 안전을 위한 안전회로 등에 많이 이용되고 있다.

일반적으로 전기에서는 AND 조건을 만족시키기 위하여 접점을 직렬로 연결하면 된다.

① 논리식

$$y = a \cdot b$$

② 진리표

a	b	y
0	0	0
0	1	0
1	0	0
1	1	1

③ 논리도

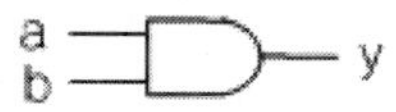

④ 회로도

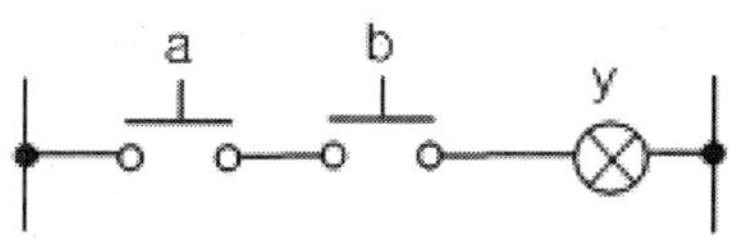

⑤ 타임 차트

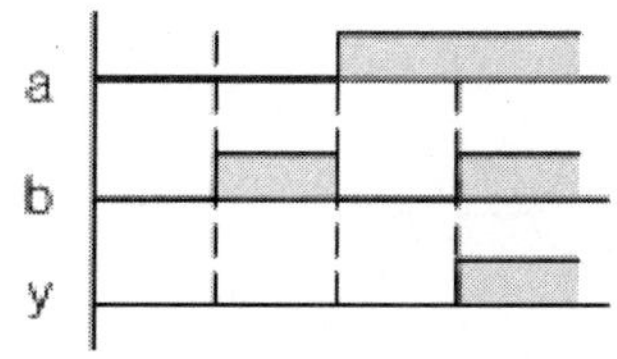

13.4 OR 논리

OR 논리는 여러 개의 입력 신호 중에서 어느 하나의 입력 신호만 존재해도 출력 신호가 존재하게 되는 논리이다. 그러므로 OR 논리를 집합으로 표현하면 합집합을 의미하고 논리 방정식으로는 더하기로 표시되기 때문에 논리합이라고도 한다.

입력 조건이 2개일 때 OR 논리가 요구될 때에 전기에서는 2개의 a 접점 스위치를 병렬로 연결하여 해결한다. 2개의 a 접점 스위치를 병렬로 연결하게 되면 2개의 스위치중 하나만 작동되어도 최종 출력 신호가 존재하게 된다. 물론 2개의 스위치가 모두 작동되어도 출력 신호가 존재하게 된다. OR 논리는 여러 개의 신호 중 한 개의 신호만 존재해도 출력 신호가 존재하게 되므로 여러 곳에서 장치를 구동시키는 경우에 이용되고 있다.

일반적으로 전기에서는 OR 조건을 만족시키기 위하여 접점을 병렬로 연결하면 된다.

① 논리식

$$y = a + b$$

② 진리표

a	b	y
0	0	0
0	1	1
1	0	1
1	1	1

③ 논리도

④ 회로도

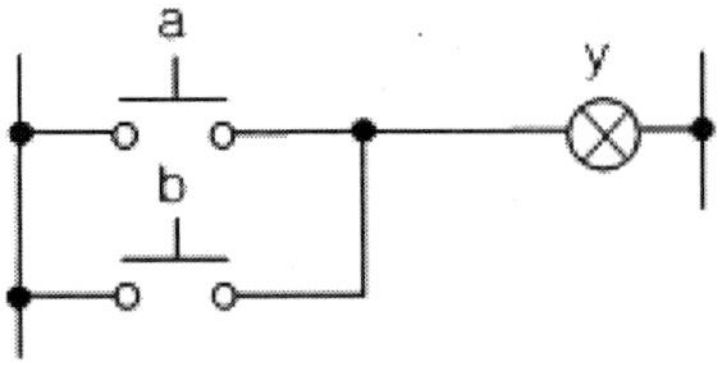

⑤ 타임 차트

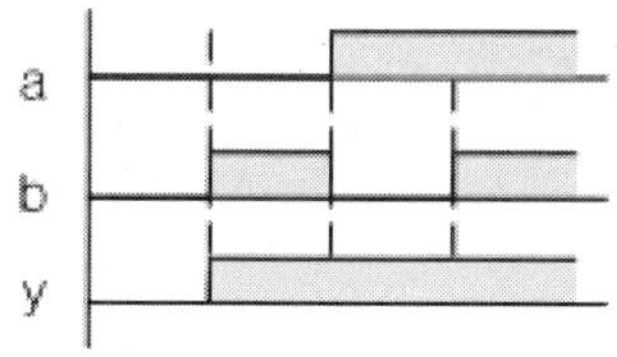

13.5 NAND 논리

NAND 논리는 AND 회로의 출력에 NOT 회로를 조합시킨 직렬 부정 회로로서 두 입력 신호의 논리가 모두 1 일 때 출력 신호가 존재하지 않고 다른 경우에는 출력 신호가 존재하는 논리곱의 부정회로이다.

① 논리식

$y = \overline{a \cdot b}$ 또는 $y = \bar{a} + \bar{b}$

② 진리표

a	b	y
0	0	1
0	1	1
1	0	1
1	1	0

③ 논리도

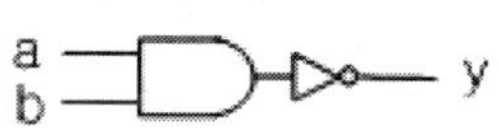

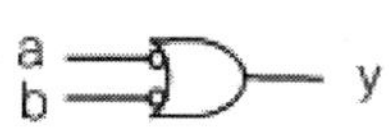

④ 회로도

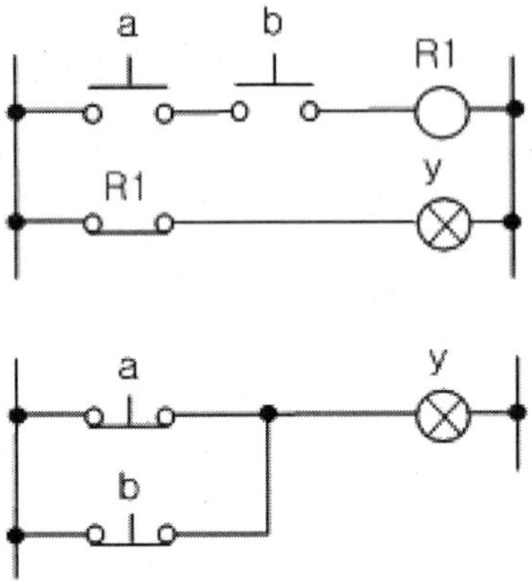

⑤ 타임 차트

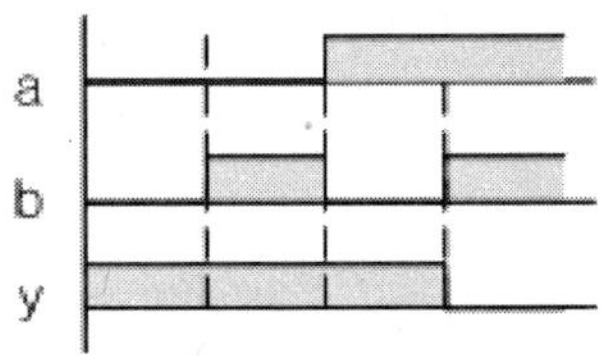

13.6 NOR 논리

NOR 논리는 OR 회로의 출력에 NOT 회로를 조합시킨 병렬 부정 회로로서 두 입력 신호의 논리가 모두 0 일 때 출력 신호가 존재하고 다른 경우에는 출력 신호가 존재하지 않는 논리합의 부정회로이다.

① 논리식

$$y = \overline{a + b} \qquad \text{또는 } y = \bar{a} \cdot \bar{b}$$

② 진리표

a	b	y
0	0	1
0	1	0
1	0	0
1	1	0

③ 논리도

④ 회로도

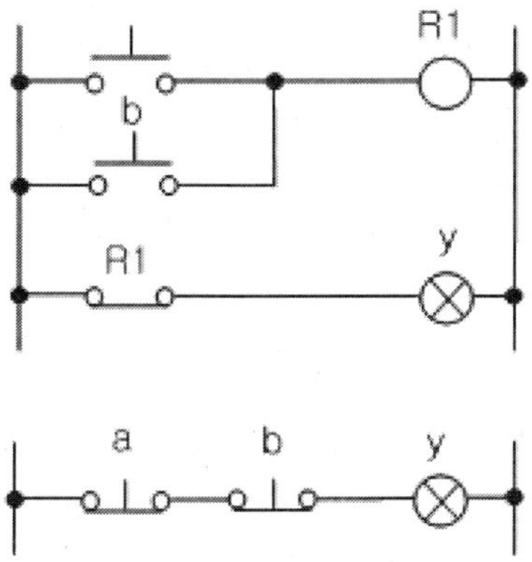

⑤ 타임 차트

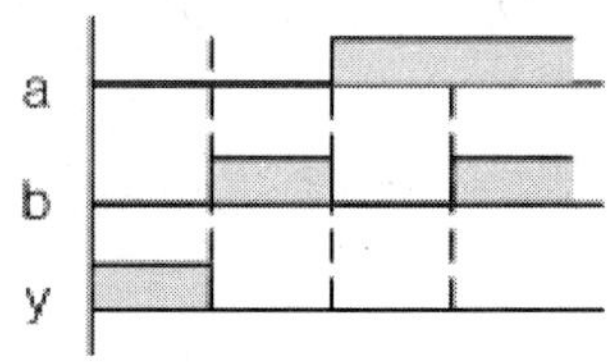

13.7 EX-OR 논리

EX-OR(Exclusive OR) 논리는 AND, OR, NOT 논리의 조합 논리로서, 두 입력 신호가 같으면 출력 신호가 존재하지 않고 두 입력 신호가 다르면 출력 신호가 존재하는 논리이다. 이 논리는 배타적 논리합이라고 하며 전자계산기의 반가산기, 전가산기, 패리티 검출기 등에 응용된다.

① 논리식

$$y = a \oplus b \qquad \text{또는 } y = \bar{a} \cdot b + a \cdot \bar{b}$$

② 진리표

a	b	y
0	0	0
0	1	1
1	0	1
1	1	0

③ 논리도

④ 회로도

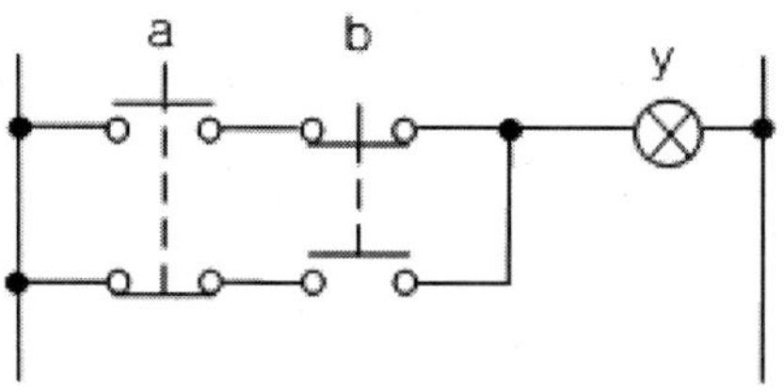

⑤ 타임 차트

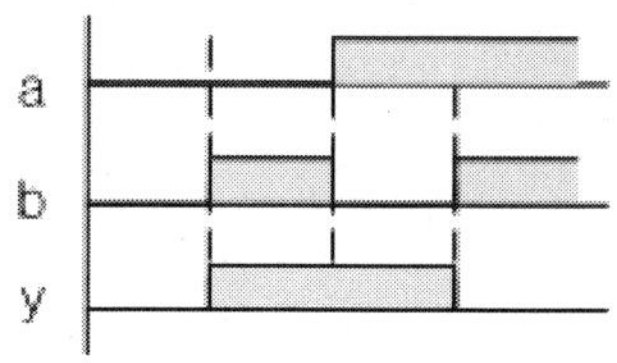

13.8 EQUIVALENCE 논리

Equivalence 논리는 배타적 논리합 회로의 출력에 NOT 회로를 조합시킨 회로이다. 이 논리에서는 두 입력 신호가 같으면 출력 신호가 존재하고 두 입력 신호가 다르면 출력 신호가 존재하지 않는 논리이다.

① 논리식

$y = a \odot b$ 또는 $y = \overline{a} \cdot \overline{b} + a \cdot b$

② 진리표

a	b	y
0	0	1
0	1	0
1	0	0
1	1	1

③ 논리도

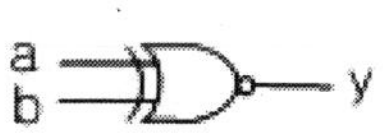

④ 회로도

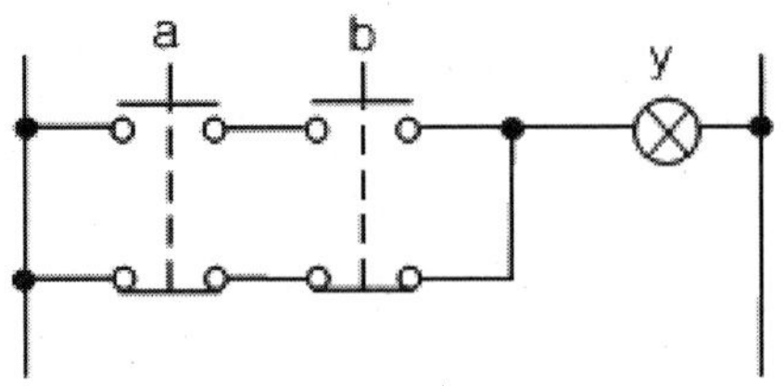

⑤ 타임 차트

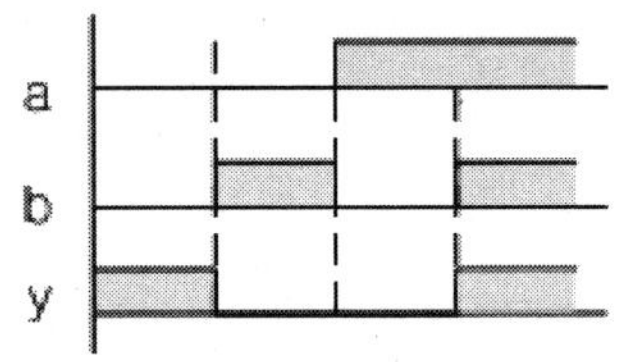

13.9 논리회로와 기호

앞에서 언급한 논리 회로와 기호를 정리하면 다음과 같다.

표 13.1 논리 회로와 기호

논리 회로 명칭	기 호	작동 설명
AND 회로	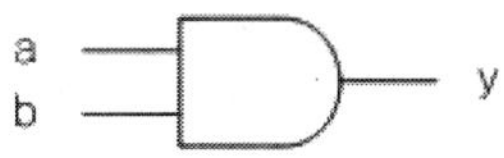	논리곱 회로라 하며 모든 입력이 1일 때에만 출력이 1이 되는 회로
OR 회로	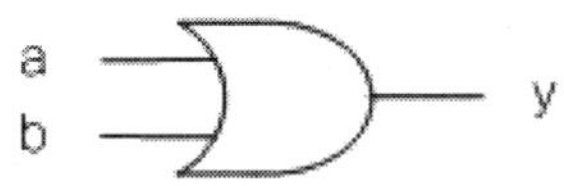	논리합 회로라 하며 입력 중 어느 하나 또는 모두가 1일 때 출력이 1이 되는 회로
NOT 회로		논리부 회로라고도 하며 입력이 1일 때 출력은 0, 입력이 0이면 출력이 1이 되는 회로
NAND 회로	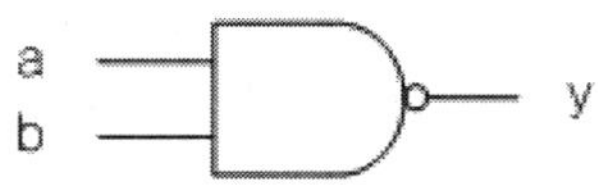	NOT 회로와 AND 회로의 조합으로서 입력이 모두 1일 때에만 출력이 0이 되는 회로
NOR 회로		NOT 회로와 OR 회로의 조합으로서 입력이 모두 0일 때에만 출력이 1이 되는 회로
ON Delay 타이머 회로	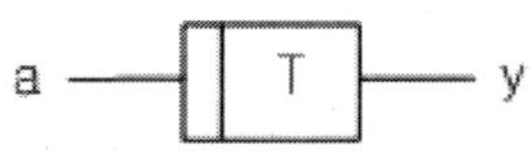	입력이 1로 되어도 출력이 나오지 않다가 설정 시간 후에 출력이 1로 되는 회로
OFF Delay 타이머 회로	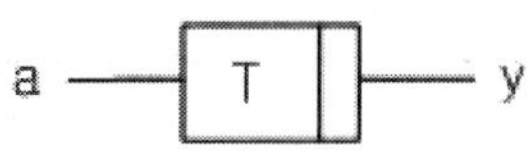	입력을 주었다가 제거하여 입력이 0이 된 다음 설정 시간 경과 후까지 출력이 1로 되는 회로
플립플롭 회로	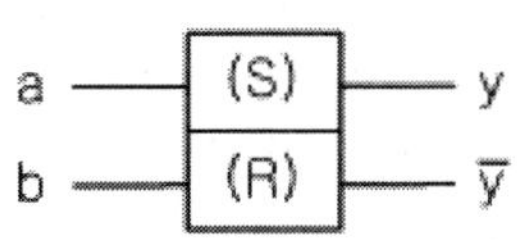	입력 a가 1일 때 출력 y는 1로 되고, 입력 a가 0으로 된 후에도 계속 1이 되다가 입력 b에 1의 신호가 가해지면 리셋되는 회로

논리 회로 명칭	기 호	작동 설명
바이너리 카운터 회로	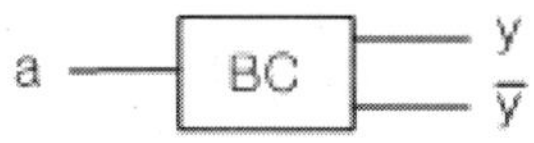	입력 a에 1이 2회 가해질 때마다 출력 y가 1회 작동하는 회로
금지 회로	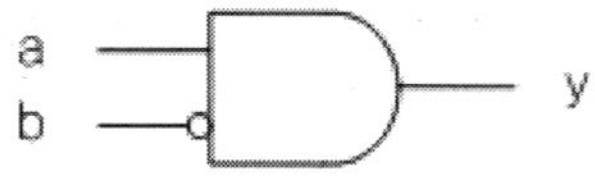	AND 회로의 응용이며 입력 b가 1일 때에는 절대로 출력 y가 1이 되지 않는 회로
원쇼트 회로	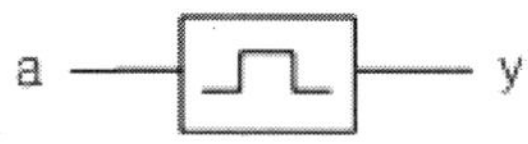	입력 a가 1로 된 다음 일정 시간 동안만 출력이 1로 되는 회로
플리커 회로	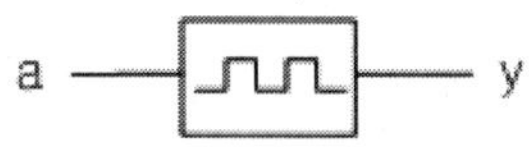	입력 a가 1인 상태에 있을 때 출력은 일정한 주기로 0n-Off 동작을 반복하는 회로
입력 변환 회로 (인터페이스 회로)	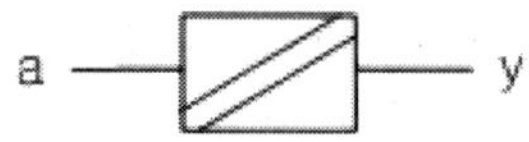	입력 레벨을 로직 레벨로 변환하는 회로
출력 변환 회로 (증폭 회로)	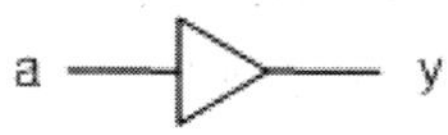	로직 레벨 신호를 증폭하여 릴레이 및 램프 구동에 사용되는 회로
출력 변환 회로 (인터페이스 회로)	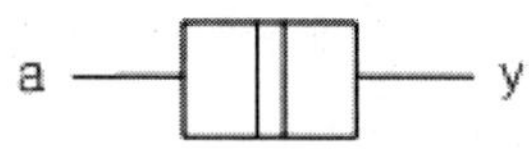	로직 레벨 신호를 출력 레벨의 신호로 변환하는 회로

13.10 논리 제어의 응용 예

다음 그림 13.1과 같은 작업기를 이용하여 노치(notch)를 펀칭 작업하려고 한다. 가공물은 세 방향에서 투입될 수 있으며 가공물의 투입 여부는 a, b, c 3개의 리밋 스위치를 이용하여 감지한다. 어느 방향에서 가공물이 입력되더라도 3개의 리밋 스위치 중에서 2개 이상의 리밋 스위치가 작동되도록 설치되어 있다. 즉, 3개의 리밋 스위치 중에서 2개 이상의 리밋 스위치가 작동되면 펀칭 작업이 이루어져야 하며 가공물을 제거하면 공압 실린더는 원래의 위치로 귀환되어야 한다.

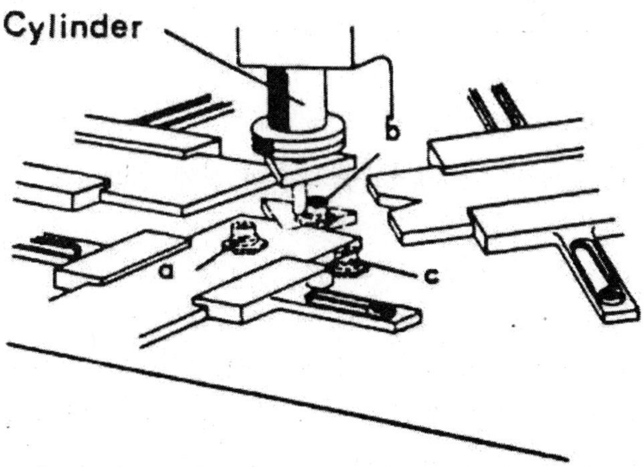

그림 13.1 펀칭 작업기의 구조도

이상과 같은 논리 제어 문제를 해결하기 위해서는 다음과 같은 순서를 따라 해결하는 것이 바람직하다.

① 진리표 작성

논리 제어 문제를 해결하는 첫 번째 순서는 진리표를 완성하는 것이다. 진리표를 완성하게 되면 이를 토대로 논리 방정식을 유도해 낼 수 있게 된다.

다음 표는 펀칭 작업기의 진리표를 나타낸다.

표 8.2 논리 회로와 기호

입력			출력
a	b	c	Y1
0	0	0	0
0	0	1	0
0	1	0	0
0	1	1	1
1	0	0	0
1	0	1	1
1	1	0	1
1	1	1	1

② 논리 방정식의 작성

진리표를 토대로 논리 방정식을 작성하면 다음과 같게 된다.

$$Y1 = \overline{a} \cdot b \cdot c + a \cdot \overline{b} \cdot c + a \cdot b \cdot \overline{c} + a \cdot b \cdot c \quad \cdots\cdots \text{(a)}$$

그러나 식 (a)에서 두 개의 입력 신호가 존재하면 나머지 신호는 존재하던, 존재하지 않던 상관이 없기 때문에 다음과 같이 간단하게 고쳐 쓸 수 있게 된다. 즉, 식 (a)에서 첫 번째 항과 마지막 항이 OR로 논리합을 이루게 되므로 이를 식으로 표현하면 다음과 같이 된다.

$$\overline{a} \cdot b \cdot c + a \cdot b \cdot c = b \cdot c \cdot (\overline{a} + a) \quad \cdots\cdots \text{(b)}$$

(b) 식에서 알 수 있듯이 b와 c의 두 가지 입력 신호가 존재하게 되면 c의 입력 신호는 무의미하게 된다. 이는 두 번째 항과 세 번째 항에도 똑 같이 적용되므로 식 (a)는 다음과 같이 간단하게 고쳐 쓸 수 있게 된다.

$$Y1 = a \cdot b + b \cdot c + c \cdot a \quad \cdots\cdots \text{(c)}$$

식 (c)를 이용하여 논리 회로도를 그리게 되면 다음과 같다.

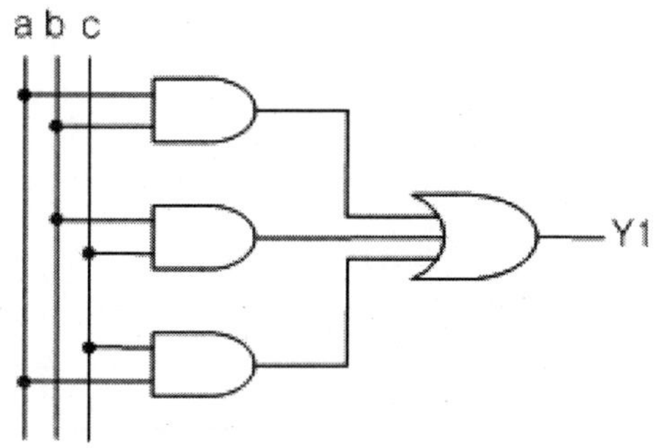

그림 13.2 펀칭 작업기의 논리 회로도

공압 논리 제어에서는 인수분해를 하면 사용되는 밸브의 개수를 줄일 수 있으나 전기 스위치를 이용한 논리 제어에서는 단지 접점의 개수가 줄어들 뿐 스위치의 개수는 줄어들지 않게 된다. 그러므로 전기 논리 제어에서는 인수분해를 별로 하지 않고 문제를 해결한다.

③ 전기 회로도의 작성

유도된 논리 방정식을 토대로 전기 회로도를 작성한다. 논리식에서 곱하기는 접점을 직렬로 연결하고 더하기는 접점을 병렬로 연결한다.

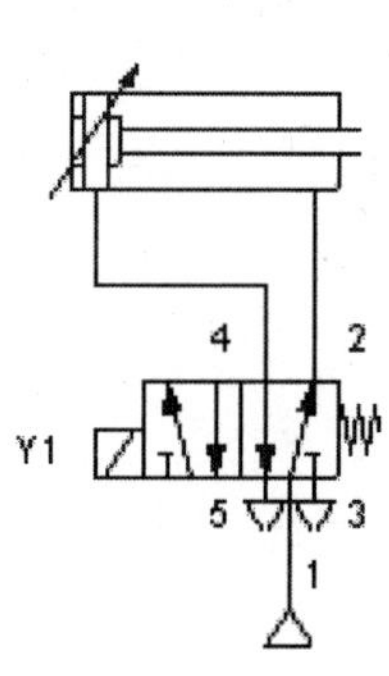

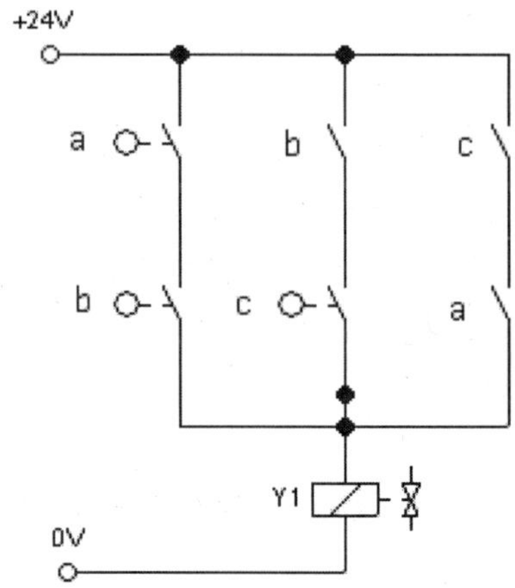

그림 13.3 펀칭 작업기의 공압-전기 제어회로도

그림 13.3의 공압-전기 제어회로도는 이론적으로는 가능하지만 실제의 경우에는 많은 어려움이 따른다. 이 제어회로를 완성하기 위해서는 2개의 독립된 접점을 갖는 리밋 스위치가 필요하다. 그러나 수동 작동형의 스위치는 여러 개의 전기적으로 독립된 접점을 갖고 있지만 전기 리밋 스위치는 일반적으로 c 접점 하나만을 갖고 있다. 특수한 리밋 스위치의 경우에 전기적으로 독립된 2개의 접점을 갖는 것도 있기는 하다. 특히 센서의 경우에는 대부분 하나의 a 접점밖에 갖고 있지 않으므로 그림 13.3의 제어회로도를 완성하기 위해서는 다른 전기적인 부품을 이용하여 접점을 증가시켜 주어야만 하며, 이는 전기 릴레이를 이용하면 가능하게 된다.

CHAPTER

14

기본 전기 제어회로도

작업 요소로 공압 모터나 공압 실린더가 사용되고 제어는 전기를 이용할 때에는 솔레노이드 밸브가 사용된다. 여기에서는 솔레노이드를 이용하여 공압 실린더를 구동하는 기본적인 전기 회로도를 다룬다. 또한 전기 제어에서 사용되는 다양한 기본적인 회로를 소개한다.

14.1 단동 실린더의 제어

푸시버튼을 누르면 단동 실린더가 전진운동을 하고, 푸시버튼을 놓으면 후진운동을 한다.

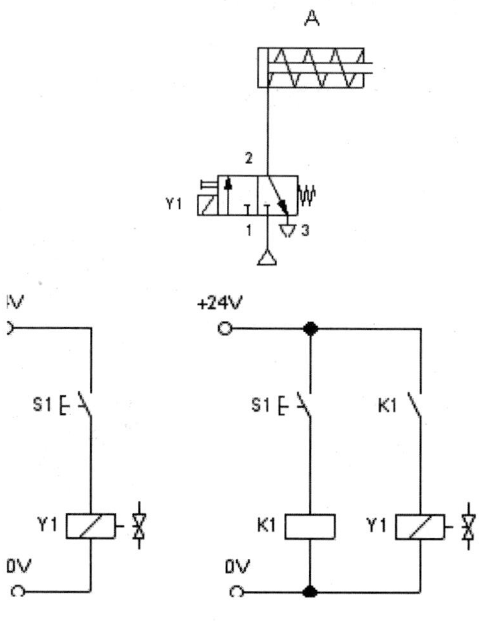

그림 14.1 단동 실린더의 제어

그림 14.1의 왼쪽 전기 회로도에서 푸시버튼 S1을 누르면 솔레노이드 코일 Y1이 여자되고 밸브의 제어위치가 전환되어 압축공기가 (1)에서 (2)로 통과하여 실린더로 들어가서 피스톤이 전진운동을 한다.

푸시버튼 S1을 놓으면 솔레노이드 코일 Y1이 소자되고 3/2-way 밸브의 제어위치가 스프링에 의하여 원위치로 돌아가 피스톤이 후진운동을 한다.

그림 14.1의 오른쪽 전기 회로도에서 푸시버튼 S1을 누르면 릴레이 K1이 여자되고, K1의 상시개방 접점을 통하여 솔레노이드 코일 Y1이 여자된다. 푸시버튼 S1을 놓으면 릴레이 K1이 소자되고 K1의 상시개방 접점이 떨어져서 솔레노이드 코일 Y1이 소자되고 3/2-way 밸브의 제어위치가 스프링에 의하여 원위치로 돌아가 피스톤이 후진운동을 한다.

이 방법의 장점은 릴레이를 사용함으로서 푸시버튼 S1의 개폐 용량이 코일 Y1을 여자하기에 충분하지 않거나, 다른 전압을 필요로 할 때 사용 가능하다는 것이다.

이 외에 릴레이를 사용하면 개폐기의 조합이나 인터록이 가능하다. 여러 개의 릴레이 K1, K2, K3 … 등이 사용되는 제어 시스템에서는 상시개방 접점과 상시폐쇄 접점이 단순히 표시되어 오류를 찾아내는 것이 쉬워진다.

14.2 복동 실린더의 제어

푸시버튼을 누르면 복동 실린더가 전진운동을 하고 푸시버튼을 놓으면 후진운동을 한다.

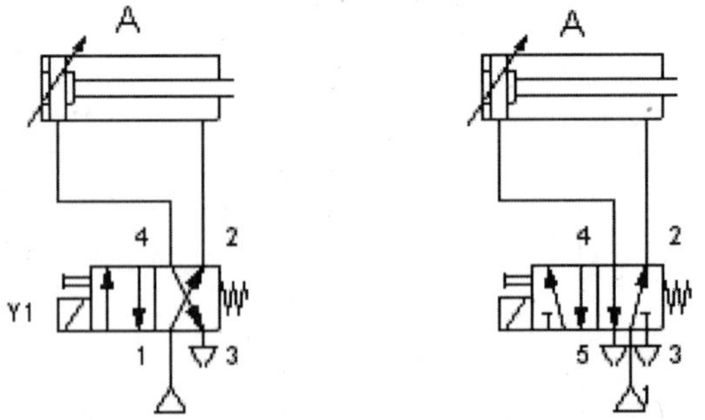

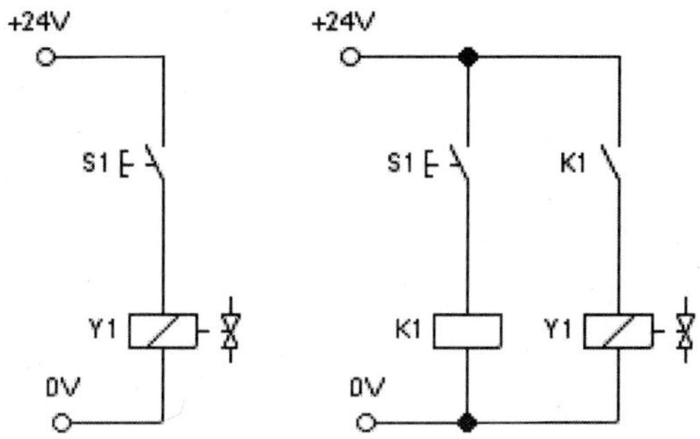

그림 14.2 복동 실린더의 제어

4/2-way 밸브나 5/2-way 밸브를 사용하여 복동 실린더를 제어한다.

그림 14.2의 왼쪽 전기 회로도에서 푸시버튼 S1을 누르면 솔레노이드 코일 Y1이 여자되고 밸브의 제어위치가 전환되어 압축공기가 (1)에서 (4)로 통과하여 실린더로 들어가서 피스톤이 전진운동을 한다.

푸시버튼 S1을 놓으면 솔레노이드 코일 Y1이 소자되고 4/2-way 밸브나 5/2-way 밸브의 제어위치가 스프링에 의하여 원위치로 돌아가 피스톤이 후진운동을 한다.

그림 14.2의 오른쪽 전기 회로도에서는 릴레이를 사용하여 복동 실린더를 제어한다. 동작은 14.1항의 단동 실린더의 제어와 동일하다.

14.3 OR 회로

실린더는 초기위치에서 후진되어 있다. 두 개의 푸시버튼 중에서 어느 하나를 누르면 실린더가 전진운동을 한다. 물론 두 개의 푸시버튼을 모두 눌러도 실린더는 전진운동을 한다. 두 개의 푸시버튼이 모두 작동되지 않은 상태가 되면 실린더는 후진운동을 하게 된다.

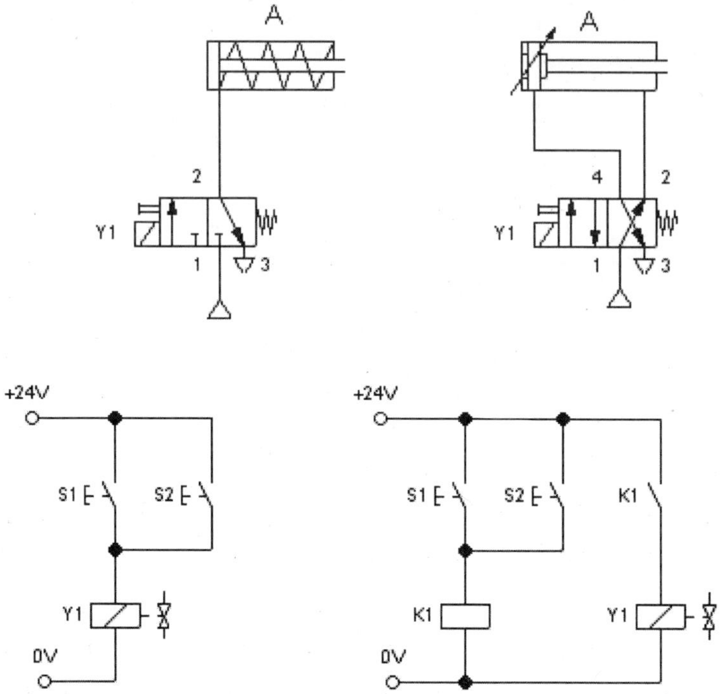

그림 14.3　OR 회로

푸시버튼 S1이나 S2를 누르면 솔레노이드 코일 Y1이 여자되고 방향제어밸브(3/2-way 밸브 또는 4/2-way 밸브)의 제어위치가 전환되어 피스톤이 전진운동을 한다.

푸시버튼에서 손을 떼면 솔레노이드 코일 Y1이 소자되고 제어위치가 원위치 되어 실린더가 후진운동을 하게 된다.

두 개의 푸시버튼을 모두 누르면 당연히 실린더가 전진운동을 한다. 그러나 후진운동이 되기 위해서는 두 개의 푸시버튼 모두를 놓아야 한다.

오른쪽 회로도는 릴레이를 사용하여 제어 회로를 구성한 것이다.

14.4 AND 회로

실린더는 초기 위치에서 후진되어 있다.

두 개의 푸시버튼을 모두 눌러야만 실린더가 전진운동을 한다. 푸시버튼을 놓으면 AND 조건이 해제되어 실린더는 후진운동을 하게 된다.

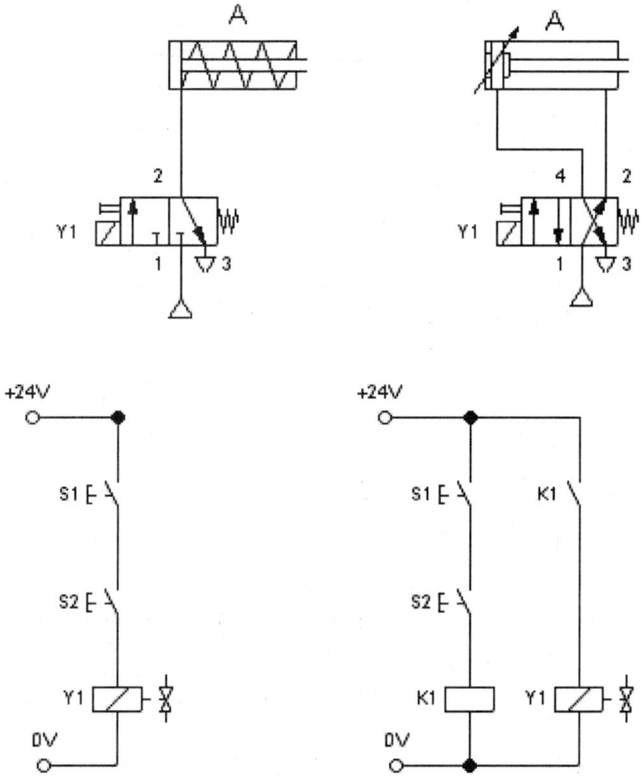

그림 14.4 AND 회로

푸시버튼 S1과 S2를 모두 작동시키면 회로가 폐로 되어 솔레노이드 코일 Y1이 여자된다. 밸브의 제어위치가 전환되고 피스톤이 전진운동을 한다.

푸시버튼 S1이나 S2가 풀리면 솔레노이드 코일 Y1이 소자되고 밸브가 원위치로 돌아와 피스톤이 후진운동을 하게 된다.

오른쪽 회로도는 릴레이를 사용하여 제어 회로를 구성한 것이다.

14.5 메모리 밸브를 이용한 실린더의 전진 후진 운동

단동 실린더는 3/2-way 양솔레노이드 밸브로 제어되고, 복동 실린더는 4/2-way 양솔레노이드 밸브나 5/2-way 양솔레노이드 밸브로 제어된다. 양솔레노이드 밸브는 상대편 솔레노이드에 신호가 가해질 때까지는 현재의 제어위치를 유지하게 된다. 이러한 이유로 양솔레노이드 밸브는 메모리 기능을 갖고 있다고 한다(중립위치를 갖는 4/3-way 밸브나 5/3-way 밸브는 해당되지 않음).

푸시버튼 S1을 누르면 피스톤이 전진운동을 한다. 푸시버튼 S2를 누르기 전까지는 후진운동을 하지 않는다. 푸시버튼 S2를 누르면 후진운동을 한다.

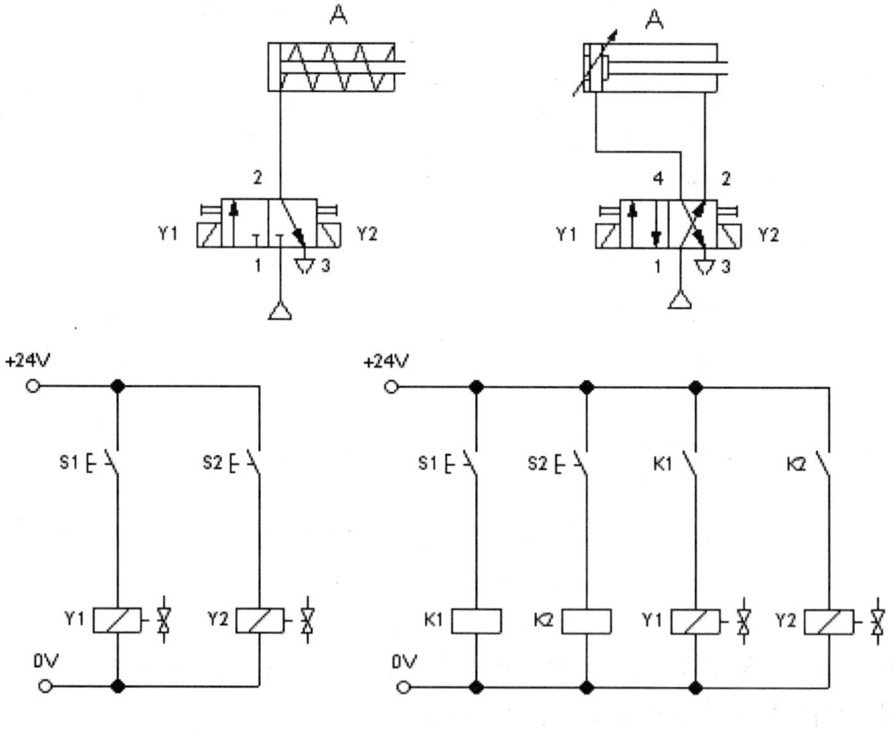

그림 14.5 메모리 밸브를 이용한 실린더의 전·후진운동

푸시버튼 S1을 누르면 솔레노이드 코일 Y1이 여자되고 밸브의 제어위치가 전환된다. 피스톤이 전진운동을 하게 되고, 이 과정 중에 푸시버튼 S1을 놓아도 밸브의 제어위치는

그 상태를 유지하기 때문에 실린더는 전진운동을 계속하게 된다. 즉, 푸시버튼 S2를 통하여 솔레노이드 코일 Y2가 여자되기 전까지는 그 상태를 유지한다.

푸시버튼 S2가 눌려 솔레노이드 코일 Y2가 여자되면 밸브의 제어위치가 전환되고 실린더는 후진운동을 하게 된다. 이때에도 마찬가지로 푸시버튼 S2를 놓아도 밸브의 제어위치는 변하지 않으므로 계속해서 후진운동을 하게 된다.

14.6 실린더의 자동 후진

푸시버튼 S1을 누르면 실린더가 전진운동을 하고, 전진운동이 완료되면 리밋 스위치 S2가 눌리고 이 신호를 받아 실린더는 자동적으로 후진운동한다.

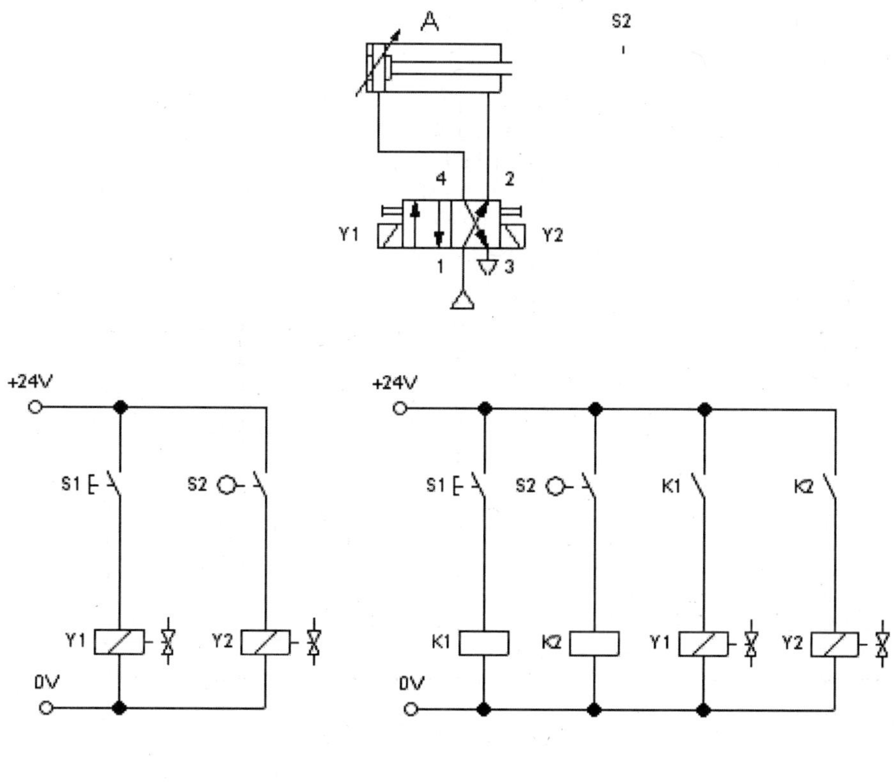

그림 14.6 실린더의 자동 후진

푸시버튼 S1을 누르면 솔레노이드 코일 Y1이 여자되고 피스톤은 전진운동을 한다. 피스톤이 전진운동을 완료하고 리밋 스위치 S2를 작동시키면 리밋 스위치 S2는 솔레노이드 코일 Y2를 여자시키고 피스톤은 후진운동을 하여 처음 상태로 돌아온다. 이때 푸시버튼 S1은 이미 풀어진 상태에 있어야 한다.

14.7 실린더의 왕복 운동

시동 스위치 ST를 작동시키면 시동 스위치 ST가 풀릴 때까지 실린더가 전후진 왕복운동을 한다. 피스톤의 최종 위치는 처음 위치가 된다.

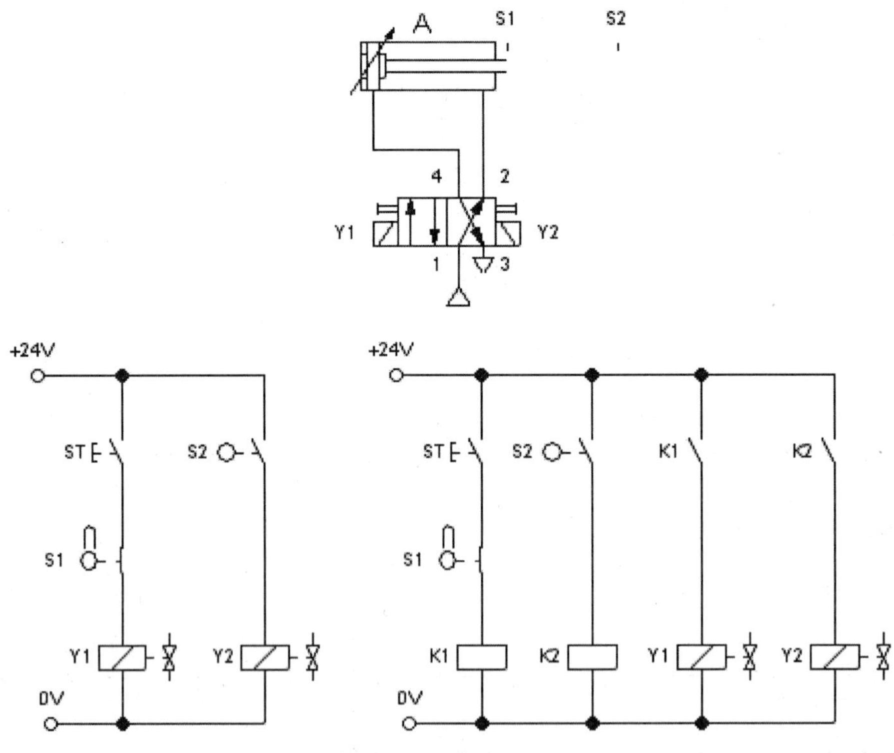

그림 14.7 실린더의 왕복 운동

두 개의 전기 리밋 스위치 S1과 S2는 피스톤의 전후진 완료 위치에 설치된다. 실린더의 초기 상태에서 리밋 스위치 S1은 눌린 상태로 표시된다. 시동 스위치 ST를 누르면 시동 스위치 ST가 풀릴 때까지 피스톤이 전 · 후진운동을 하게 된다. 시동 스위치 ST를 놓으면 솔레노이드 코일 Y1에 신호가 전달되지 않으므로 피스톤은 후진위치에서 머무르게 된다.

14.8 자기유지회로를 이용한 제어

전기-공압 시스템에서는 전기 신호를 기억하기 위하여 자기유지회로가 필요하게 된다. 자기유지회로(self holding circuit)를 구성하여 전기 신호를 기억하여 두면 스프링이 내장된 편솔레노이드 밸브를 사용할 수 있다.

자기유지회로에는 ON 우선회로(Dominant ON)와 OFF 우선회로(Dominant OFF)의 두 가지가 있다.

자기유지회로의 동작을 설명하면 다음과 같다.

ON 푸시버튼을 누르면 릴레이 K1이 여자되고 병렬 연결된 상시개방 접점 K1이 폐로되어 ON 푸시버튼에서 손을 떼어도 K1은 계속 여자된 상태로 남아 있다. OFF 푸시버튼을 누르면 K1 릴레이에 공급되던 전기가 끊겨 릴레이 K1이 소자되고 상시개방 접점 K1이 열리고 자기유지회로는 해제된다.

ON 우선회로에서는 OFF 푸시버튼이 K1의 상시개방 접점과 직렬로 연결되어 있다.

OFF 우선회로의 자기유지회로에서는 ON 우선회로처럼 K1의 상시개방 접점이 병렬로 연결되어 자기유지 기능을 한다. 이 경우에는 OFF 푸시버튼이 ON 푸시버튼과 직렬로 연결되어 있어서 OFF 푸시버튼이 상태를 좌우한다.

만약 OFF 푸시버튼이 상시개방 접점과 직렬로 연결되어 있으면 ON 푸시버튼과 OFF 푸시버튼을 같이 동작시켰을 때 ON 신호가 항상 우선한다. 따라서 ON 우선회로가 된다.

만약 OFF 푸시버튼이 ON 푸시버튼과 직렬로 연결되어 있으면 ON 푸시버튼과 OFF 푸시버튼을 같이 동작시켰을 때 OFF 신호가 항상 우선한다. 따라서 OFF 우선회로가 된다.

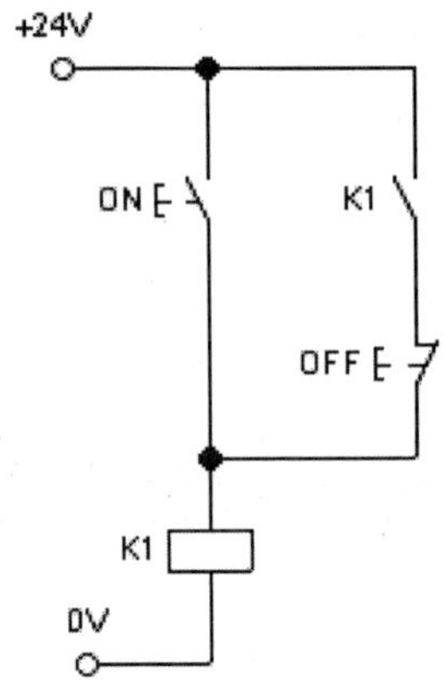

그림 14.8 ON 우선회로

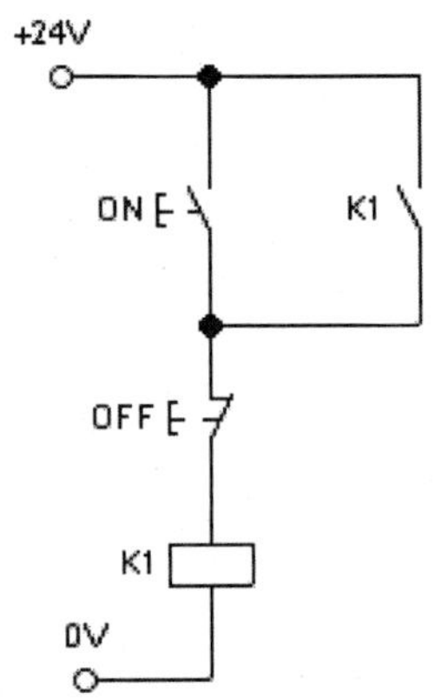

그림 14.9 OFF 우선회로

■ 자기유지회로를 이용한 실린더의 제어

단동 실린더와 복동 실린더를 구동하는 밸브는 3/2-way 편솔레노이드 밸브와 4/2-way(5/2-way) 편솔레노이드 밸브가 사용된다.

S1-ON 스위치를 누르면 실린더는 전진운동을 한다. S2-OFF 스위치를 누르면 실린더는 후진운동을 한다.

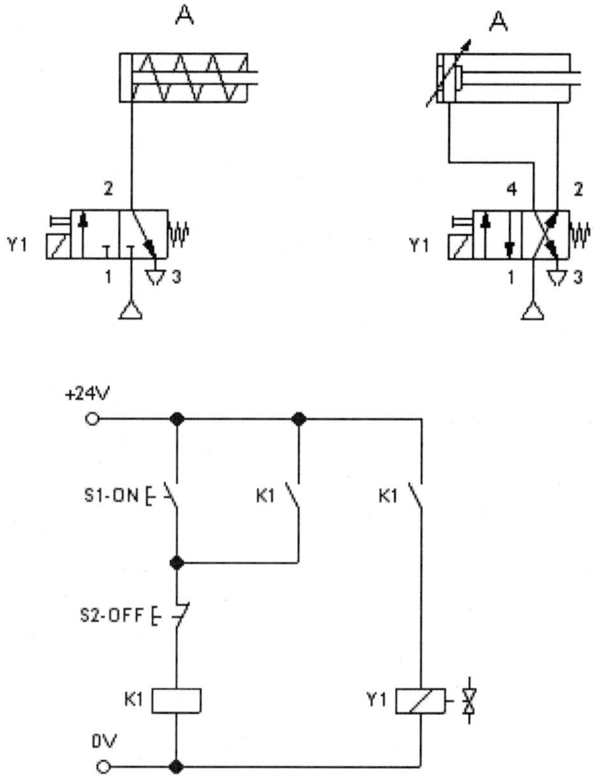

그림 14.10 자기유지회로를 이용한 실린더의 제어

푸시버튼 S1-ON을 누르면 릴레이 K1이 여자되고 병렬 연결된 K1의 상시개방 접점을 통하여 릴레이 K1이 여자된 상태를 유지한다. K1의 두 번째 상시개방 접점이 폐로되어 솔레노이드 코일 Y1을 여자시키고 피스톤은 전진운동을 한다.

푸시버튼 S2-OFF를 누르면 릴레이 K1의 자기유지회로가 해제되어 모든 기능이 원상태로 바뀌고 솔레노이드 코일 Y1은 소자된다. 방향제어밸브의 내장된 스프링에 의하여 제어위치가 원위치로 돌아오면 피스톤이 후진운동을 한다.

■ 리밋 스위치에 의한 자동 후진

푸시버튼 S1이 눌리면 피스톤이 전진운동을 한 후, 리밋 스위치 S2를 작동시키고 자동적으로 후진운동이 일어나도록 한다. 이때 물론 S1 푸시버튼 스위치는 풀어진 상태이다.

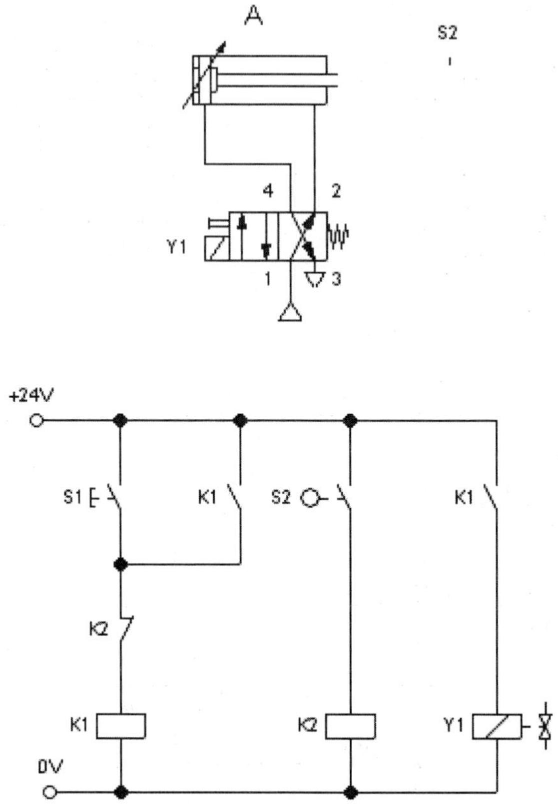

그림 14.11 리밋 스위치에 의한 자동 후진

푸시버튼 S1을 누르면 릴레이 K1이 여자되고 병렬 연결된 K1의 상시개방 접점을 통하여 릴레이 K1이 여자된 상태를 유지한다. K1의 두 번째 상시개방 접점이 폐로되어 솔레노이드 코일 Y1을 여자시키고 피스톤은 전진운동을 한다.

푸시버튼 S1이 더 이상 눌려지지 않은 상태에서 피스톤이 리밋 스위치 S2를 작동시키면 자기유지회로가 해제되어 릴레이 K1이 소자되고 상시개방 접점 K1이 떨어져서 솔레노이드 코일 Y1을 소자시킨다. 4/2-way 밸브의 제어위치가 전환되어 피스톤이 후진운동을 한다.

14.9 타이머 제어회로

제어계에서 시간 지연이 필요한 경우에는 시간 지연 릴레이가 필요하다. 시간을 고려한 제어계에는 단순히 시간만을 고려하는 방식과 시간과 작업 상황을 모두 고려하는 방식 등 두 가지가 있다.

오늘날 이용되고 있는 시간 지연 릴레이는 주로 전자식인데 이에는 ON-Delay 방식과 OFF-Delay 방식이 있다.

■ ON–Delay 타이머의 동작 특성

ON-Delay 타이머의 동작 특성을 정리하면 그림 14.12와 같다.

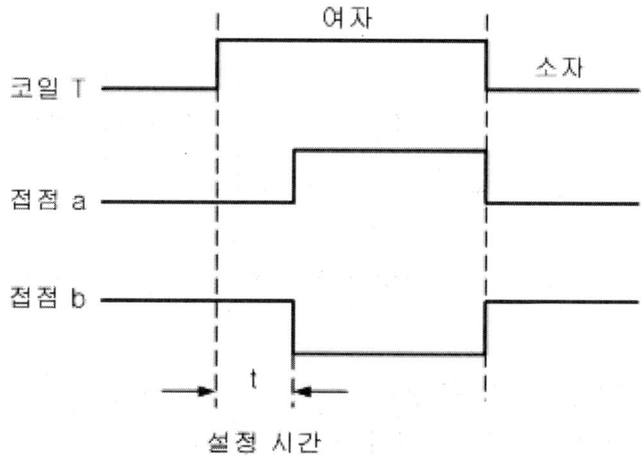

그림 14.12 ON–Delay 타이머의 동작 특성

■ ON–Delay 타이머를 이용한 실린더의 제어

푸시버튼 S1을 누르면 피스톤이 전진운동을 하고 리밋 스위치 S2로 전진운동을 확인한다. 전진운동이 완료된 후 정해진 시간이 경과하면 자동적으로 후진운동을 한다.

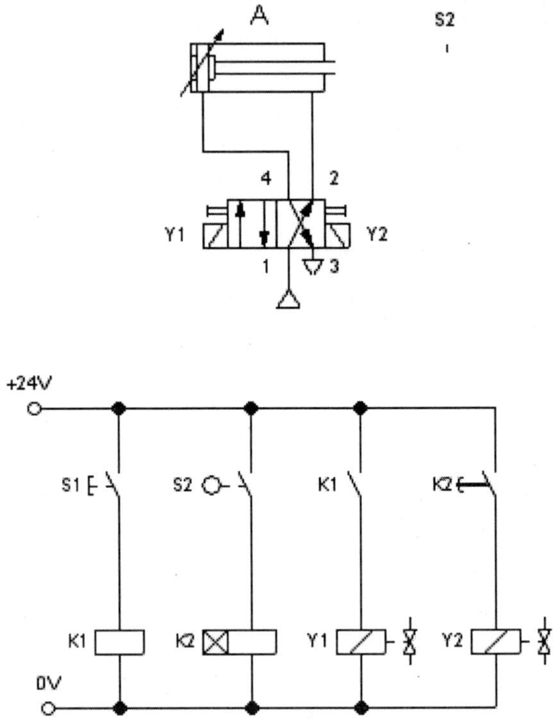

그림 14.13 ON-Delay 타이머를 이용한 실린더의 제어

수동 푸시버튼 S1을 누르면 릴레이 K1이 여자되고 K1의 상시개방 접점이 폐로되어 솔레노이드 코일 Y1이 여자된다. 밸브의 제어위치가 전환되고 실린더가 전진운동을 한다. 전진운동된 상태에서 리밋 스위치 S2를 작동시키면 ON-Delay 타이머 K2가 정해진 시간 후에 여자되어 상시개방 접점 K2를 폐로시킨다. 이를 통하여 솔레노이드 코일 Y2가 여자되고 밸브의 제어위치가 전환되어 실린더가 후진운동을 한다. 실린더가 후진운동을 시작하면 리밋 스위치 S2가 풀리고 즉시 ON-Delay 타이머 K2가 소자된다. 실린더는 수동 푸시버튼 S1 신호가 입력될 때까지 후진위치에 머무른다.

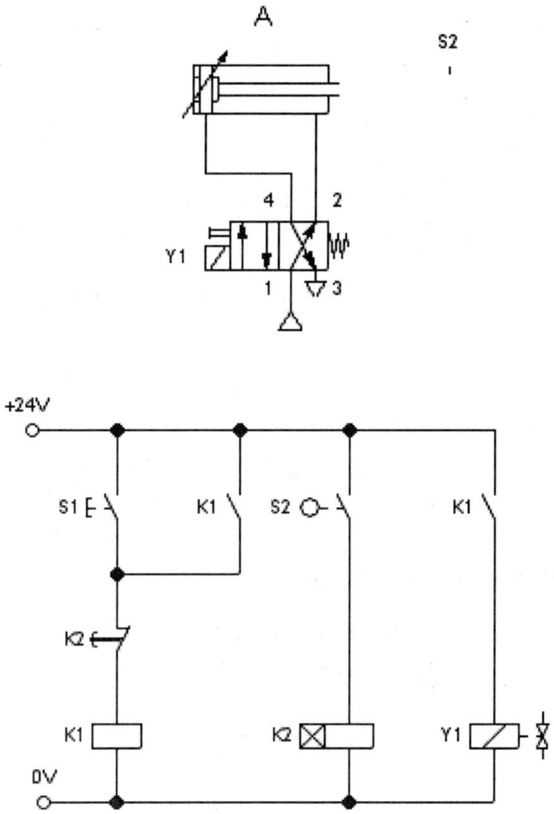

그림 14.14 자기유지회로의 이용

그림 14.14의 회로에서는 복동 실린더가 4/2-way 편솔레노이드 밸브로 구동되므로 자기유지회로가 필요하다. 회로의 동작은 같은 방식으로 이루어진다.

■ OFF-Delay 타이머의 동작 특성

OFF-Delay 타이머의 동작 특성을 정리하면 그림 14.15와 같다.

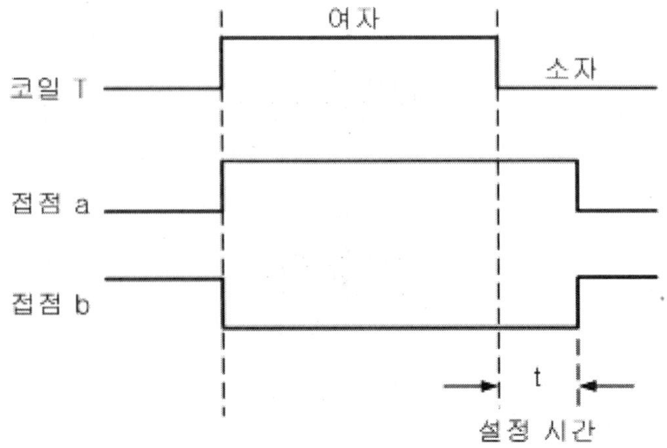

그림 14.15 OFF-Delay 타이머의 동작 특성

■ OFF-Delay 타이머를 이용한 실린더의 제어

푸시버튼 S1을 누르면 피스톤이 전진운동을 하고 리밋 스위치 S2로 전진운동을 확인한다. 전진운동이 완료된 후 정해진 시간이 경과하면 자동적으로 후진운동을 한다.

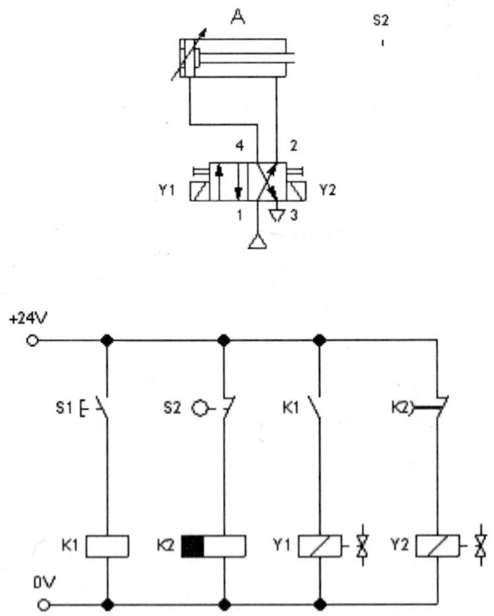

그림 14.16 OFF-Delay 타이머를 이용한 실린더의 제어

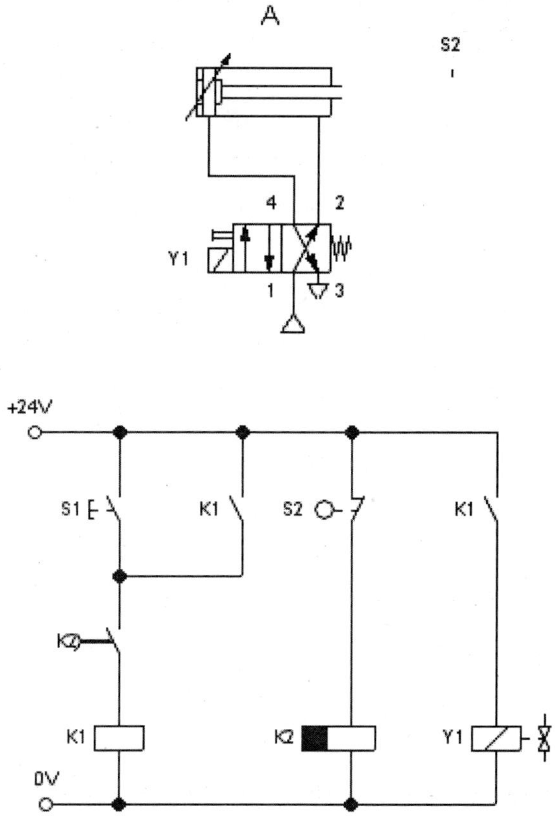

그림 14.17 자기유지회로의 이용

솔레노이드 밸브 Y1은 내장된 스프링에 의하여 원위치 되어 있다.

시동 스위치 S1을 누르면 릴레이 K1이 여자되고 자기유지회로는 K1의 상시개방 접점에 의하여 구성된다. 두 번째 K1 접점을 통하여 솔레노이드 코일 Y1이 여자되고 실린더는 전진운동을 한다. 리밋 스위치 S2가 작동하면 K2의 상시개방 접점은 지정된 시간 후에 자기유지회로를 해제한다. 그러면 실린더는 후진운동을 하게 된다.

14.10 인칭 회로

인칭(inching) 회로란 푸시버튼을 누르고 있는 동안에만 출력을 내는 회로를 말한다. 주로 모터 제어에서 사용되며 인칭 스위치를 누르면 모터가 회전하고 인칭 스위치를 놓으면 모터가 정지한다. 이러한 기능을 인칭 기능이라고 한다. 가장 간단한 인칭 회로의 예는 램프의 ON/OFF 동작 회로이다.

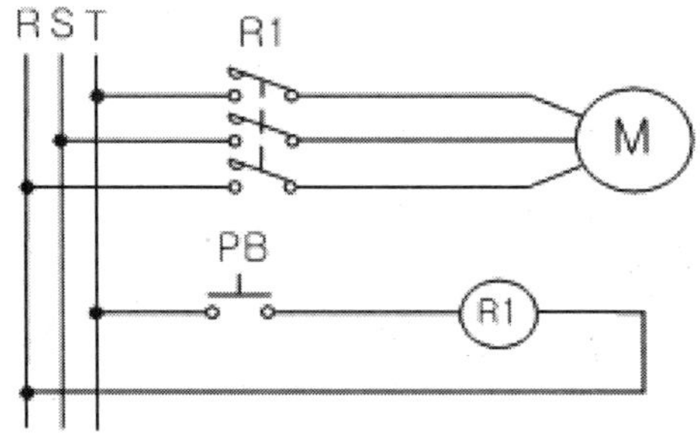

그림 14.18 인칭 회로

그림 14.18에서 전자접촉기를 이용한 모터 구동 회로를 보면, 푸시버튼 스위치를 작동시켰을 때 접점이 닫혀서 모터가 구동하게 된다. 푸시버튼 스위치를 놓으면 접점이 열리고 모터는 구동을 멈추게 된다. 이와 같은 회로를 인칭 회로라고 하며 순간동작회로라고도 한다.

14.11 짧은 펄스 회로

짧은 펄스 회로는 입력 신호를 주었을 때 출력 신호를 펄스 형태로 내보내는 회로이다. 그림 14.19에서 푸시버튼을 계속 누르고 있어도 타이머에서 정한 짧은 지연 시간이 경과하면 K2의 b 접점이 열려 출력 신호가 차단되므로 램프는 타이머에서 정한 짧은 시간 동안만 불이 들어오게 된다.

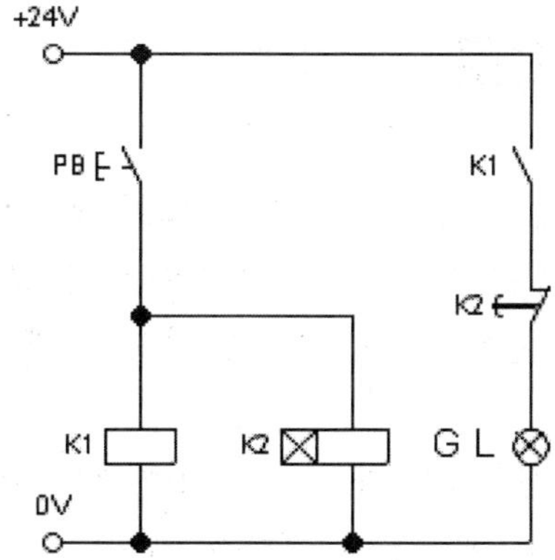

그림 14.19 짧은 펄스 회로

14.12 긴 펄스 회로

긴 펄스 회로는 입력 신호를 주었을 때 출력 신호를 길게 주는 회로이다. 그림 14.20에서 푸시버튼을 누르면 K2 타이머의 a 접점이 닫혀 램프에 불이 들어온다. 푸시버튼을 놓아도 K2 타이머에서 정한 시간동안 계속해서 램프에 불이 들어오다가 K2 타이머의 a 접점이 열리게 되면 저절로 램프의 불이 꺼지게 된다.

푸시버튼을 계속 누르고 있는 경우에는 K1 타이머에서 정한 시간이 경과한 후 K1의 b 접점이 열리게 되므로 그 이후부터 K2 타이머에서 정한 시간동안만 계속해서 출력신호를 내보내게 된다.

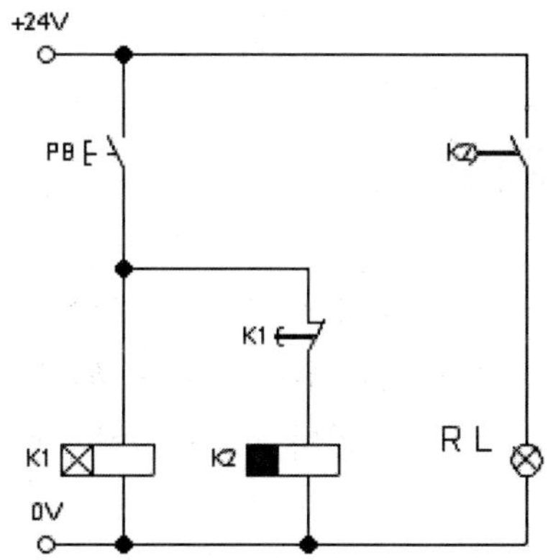

그림 14.20 긴 펄스 회로

14.13 플리커 회로

플리커(flicker) 회로는 타이머를 이용하여 출력 신호를 계속해서 ON/OFF 시켜주는 회로이다. 플리커 회로는 경보 및 신호용으로 사용하기 위하여 입력신호 투입과 동시에 일정한 시간을 두고 계속해서 점멸 동작이 이루어지게 된다. 이때 점멸되는 시간은 조절 가능하다.

그림 14.21에서 푸시버튼을 계속해서 누르고 있으면 K2 타이머에서 정한 시간동안 램프가 꺼지고, K3 타이머에서 정한 시간동안 램프가 켜진다. 이와 같은 동작을 푸시버튼을 누르고 있는 동안 계속해서 반복한다.

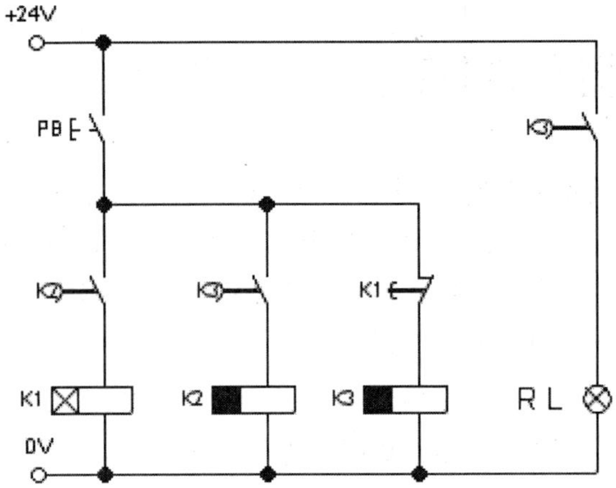

그림 14.21 플리커 회로

14.14 인터록 회로

인터록(interlock) 회로는 우선되는 회로가 닫혔을 때 다른 회로가 동작하지 않도록 하는 회로이다. 이를 위하여 두 개 이상의 릴레이나 전자 접촉기가 동시에 동작하지 않도록 회로를 구성한다. 인터록 회로는 기기와 장치의 보호, 조작자의 안전 등을 목적으로 한다.

■ 푸시버튼을 이용한 인터록 회로

인터록 회로를 구성하는 가장 간단한 방법 중의 하나는 다접점 푸시버튼 스위치를 이용하여 구성하는 것이다. 그림 14.22에서와 같이 다접점 푸시버튼 스위치를 이용하여 회로를 구성하면, PB1을 동작시켰을 때 PB1의 a 접점을 통하여 K1 릴레이는 살고 PB1의 b 접점은 열려서 K2 릴레이는 동작될 수 없는 상태가 된다. 따라서 K1이 살게 되면 인위적으로 K2는 살 수 없게 된다. PB2를 동작시켰을 때도 마찬가지로 K2는 살고 K1은 살 수 없게 된다. PB1과 PB2를 모두 동작시키게 되면 K1 릴레이와 K2 릴레이 모두 살 수 없게 된다.

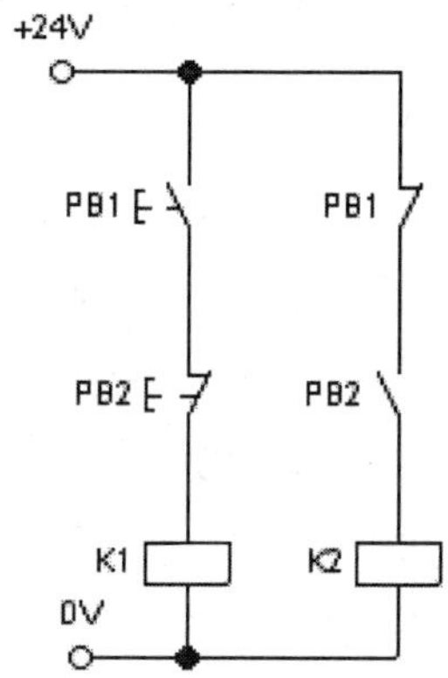

그림 14.22 푸시버튼 스위치를 이용한 인터록 회로

■ 릴레이 접점을 이용한 인터록 회로

인터록 회로를 구성하는 또 하나의 간단한 방법은 릴레이 접점을 이용하여 회로를 구성하는 것이다. 그림 14.23의 회로도에서 PB1을 작동시키면 K1 릴레이는 살게 되고 K1의 b 접점은 열리게 되므로 PB2를 작동시켰을 때 K2는 살 수 없게 된다. 같은 방법으로 PB2를 작동시키면 K1이 살 수 없게 된다.

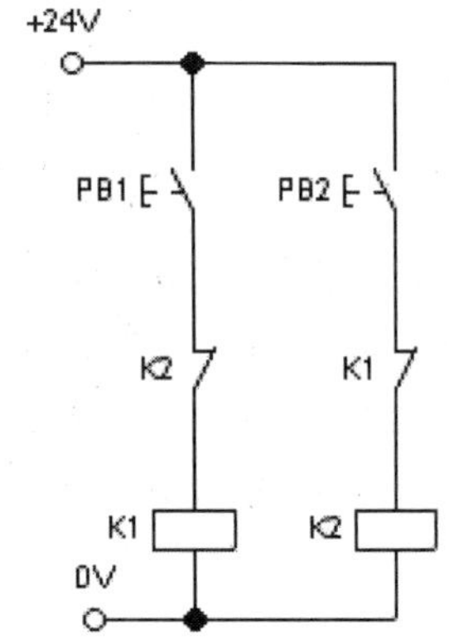

그림 14.23 릴레이 접점을 이용한 인터록 회로

■ 2중 인터록 회로

2중 인터록 회로는 다접점 푸시버튼 스위치와 릴레이 접점을 이용하여 2중으로 인터록 회로를 구성하는 것이다. 이 방법을 사용하면 만약에 있을지도 모르는 다접점 푸시버튼 스위치나 릴레이 접점의 이상으로 발생될 수 있는 인터록 회로의 이상을 방지할 수 있다. 모터의 정역전 회로에서는 안전을 위하여 대부분 2중 인터록 회로를 사용한다. 그림 14.24의 회로도에서 PB1을 작동시키면 PB1의 b 접점과 K1의 b 접점이 모두 열려 2중으로 K2를 살 수 없게 만든다. 따라서 PB1의 b 접점이나 K1의 b 접점에 이상이 생기는 경우에도 K2가 살 수 없게 된다.

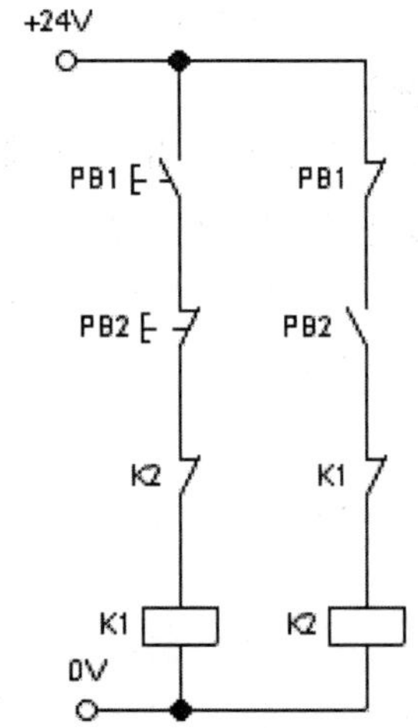

그림 14.24 2중 인터록 회로

■ 선행 인터록 회로

선행 인터록 회로는 여러 개의 신호가 사용될 때 한 신호가 유효하면 나머지 신호를 무효화 시키는 인터록 회로이다. 그림 14.25의 회로도에서 PB1을 작동시키면 K1이 살게 되고 K1의 b 접점을 이용하여 나머지 릴레이들을 살 수 없게 만든다. 그림 14.25의 회로도에서는 3개의 신호가 사용될 경우의 선행 인터록 회로이지만 신호가 4개 이상일 경우에도 마찬가지로 회로를 구성할 수 있다.

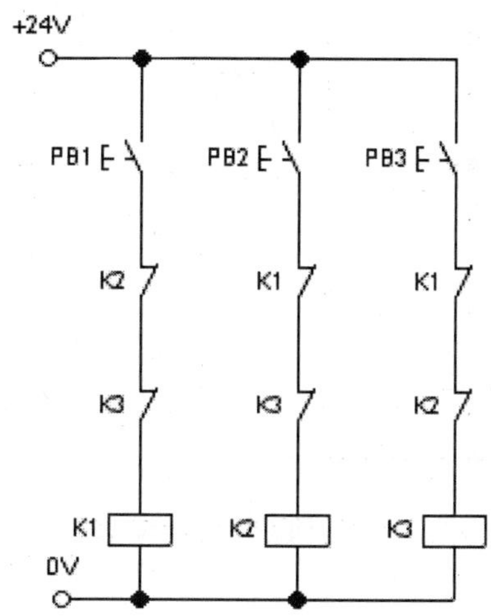

그림 14.25 선행 인터록 회로

■ 대칭형 인터록 회로

앞에서 언급한 인터록 회로는 인칭 작업의 인터록 회로였지만 대칭형 인터록 회로에서는 자기유지회로를 이용하여 인터록 회로를 구성한다. 그림 14.26의 회로도에서 정회전 스위치를 작동시키면 정회전 스위치의 b 접점과 K1 릴레이의 b 접점이 열려서 K2 릴레이가 살 수 없게 되어 인터록 회로가 구성된다. 정회전 스위치를 놓으면 K1의 a 접점 통하여 자기유지회로가 구성되어 K1 릴레이 코일은 계속해서 살 수 있게 된다. 자기유지회로를 풀기 위해서는 정지 스위치를 누르면 된다.

역회전 스위치를 작동시켰을 경우에도 마찬가지로 회로가 작동된다. 이 회로는 모터의 정역전 운전을 구성하는 회로로 이용될 수 있다.

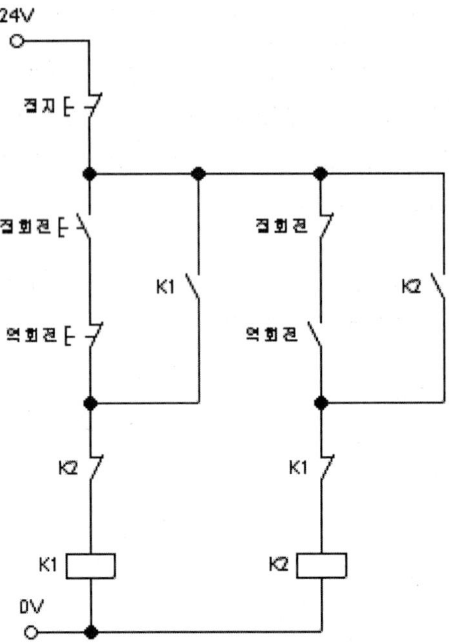

그림 14.26 대칭형 인터록 회로

■ 후선택 우선 회로

후선택 우선회로는 나중에 선택된 신호가 우선하는 인터록 회로이다. 그림 14.27의 회로도에서 PB1을 작동시키면 K1이 자기유지 되어 계속 살아있게 된다. 이때 PB3를 작동시키면 K3가 살고 좀 전까지 살아있었던 K1은 K3의 b 접점에 의해 자기유지가 풀리면서 죽게 된다. 따라서 K3만 자기유지 되어 K3 신호만 살아있게 된다. 따라서 항상 나중에 선택된 신호만 유효한 결과가 된다.

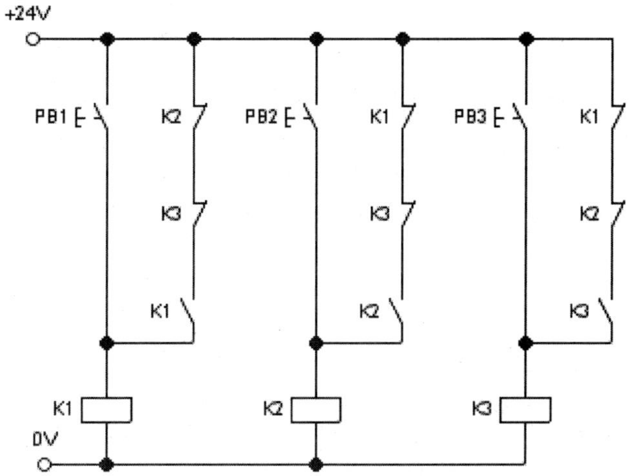

그림 14.27 후선택 우선 회로

■ 순위별 우선 회로

순위별 우선회로는 그림 14.28에서와 같이 PB1을 작동시키면 K1 신호만 유효하고 K1의 b 접점에 의해 K2와 K3는 살 수 없게 된다. 마찬가지로 PB2를 작동시키면 K2 신호만 유효하고 K2의 b 접점에 의해 K3는 살 수 없게 된다. 이때 PB1을 작동시키면 K1 신호가 유효하게 되므로 K2와 K3는 살 수 없게 된다. 즉, PB1, PB2, PB3 순으로 우선권이 있게 되는 회로도이다.

순위별 우선회로는 그림 14.29와 같이 구성할 수도 있다.

PB1을 작동시키면 K1 신호만 유효하고 K1의 b 접점에 의해 K2와 K3는 살 수 없게 된다. 나머지 동작도 앞에서 설명한 바와 같다.

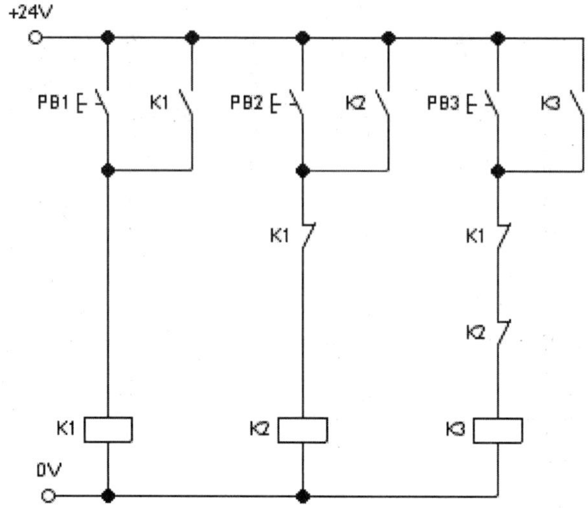

그림 14.28 순위별 우선 회로 1

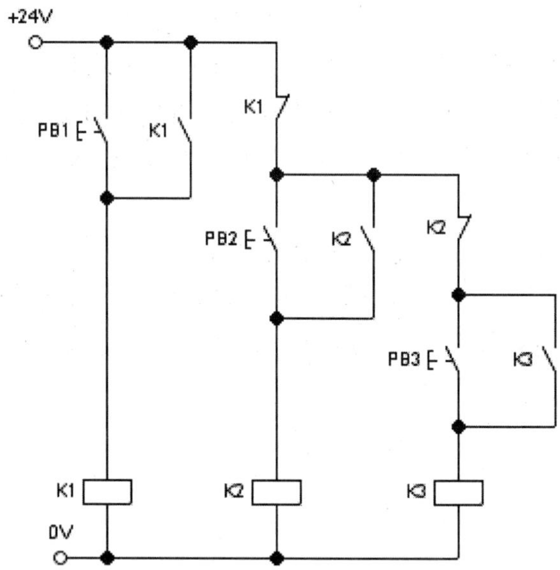

그림 14.29 순위별 우선 회로 2

■ 순차 우선 회로

순차 우선 회로는 그림 14.30에서와 같이 구성된다. PB1을 동작시키면 K1이 유효하게 된다. 그리고 K1의 a 접점을 통하여 자기유지가 되면서 3라인의 K1 a 접점을 통하여 PB2가 작동될 수 있도록 준비가 되어 준다. PB2를 작동시키면 K2의 a 접점을 통하여 자기유지가 되면서 5라인의 K2 a 접점을 통하여 PB3가 작동될 수 있도록 준비가 되어 준다. 이와 같은 방식으로 PB1부터 순차 우선 회로가 구성된다. 이 회로는 시퀀스 제어 회로도를 구성하는 기본적인 개념의 회로로서 푸시버튼 스위치 대신에 리밋 스위치나 센서를 이용하면 한 동작이 끝난 후에 다음 동작을 할 수 있게 하므로 시퀀스 제어 회로도를 구성할 수 있게 한다.

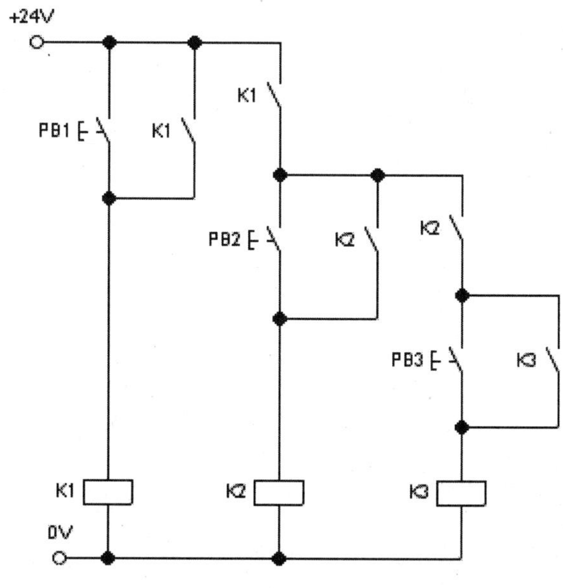

그림 14.30 순차 우선 회로

CHAPTER 15 시퀀스 제어회로도

회로도를 설계하는 방법에는 두 가지 방법이 있다.

- 직관에 의한 방법
- 체계적인 방법

두 방법 모두 제어 문제를 해결하는 데 필요하다.

첫 번째 방법은 직관과 경험에 기초를 두어야 하므로 복잡한 제어시스템의 경우에 많은 경험과 시간을 필요로 한다.

두 번째 방법은 이미 정해진 지침을 이용하므로 제어시스템이 체계적으로 설계된다.

두 방법 모두 제어시스템을 확실하게 작동시킬 수 있으나 두 번째 방법에 의해서 전기 시퀀스 제어시스템을 설계하면 지침에 의한 체계적 방법을 밟아가므로 일정 수준 이상의 신뢰성과 정렬된 회로도를 얻을 수 있는 장점이 있다.

시퀀스 제어계에서 제어 과정은 제어 프로그램에 의하여 결정된다. 제어계의 서로 다른 형태는 프로그램 전송기의 형태에 따라 다르며 제어 프로그램이 프로그램 전송기에 저장되는 방식에 따라 다르다.

시간 종속 시퀀스 제어시스템에서 프로그램 스텝은 시간에 따라 프로그램 전송기로부터 전송된다. 프로그램 전송기는 캠 축 기어의 운동 속도에 따라 결정된다.

조합 시퀀스 제어계가 시간 종속 제어계와 다른 가장 큰 특징은 제어계에서 명령된 작업이 끝났을 때만 다음 동작에 해당하는 프로그램이 진행되는 것이다. 또한 각 제어 스텝에서 동작 과정을 확인하기 위하여 감지 장치를 작동시킬 수 있고 이것은 논리회로에 연결된 센서나 리밋 스위치에 의해서 수행된다. 리밋 스위치와 센서 신호의 제어 시스템은 논리 회로에 의하여 결합된다.

15.1 제어 대상의 정의

■ 생산 설비

자동화된 생산 설비의 제어 공정은 단계별로 요소, 단위 제어, 단위 제어계, 제어계로 구분할 수 있으며 이것을 도식화하면 다음의 그림과 같다.

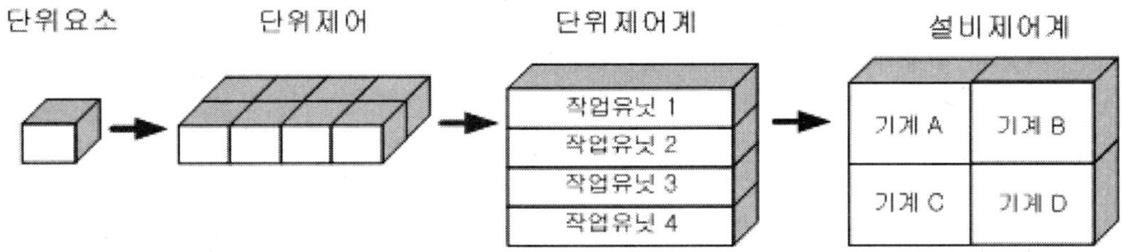

그림 15.1 생산 설비의 제어 단계

여기에서는 각각의 제어 단계에 대하여 살펴본다.

① 단위 요소

생산 설비 제어의 기본 단위 요소

② 신호 요소

신호 요소는 특별한 값을 갖는 물리량으로 표시한다.

예) 푸시 버튼, 리밋 스위치, 압력 스위치

③ 제어 요소

제어 요소는 일정한 조건에 따라 신호 요소 사이의 신호 흐름을 결정한다.

예) 릴레이, 타이머, 방향제어밸브

④ 최종 제어 요소

최종 제어 요소는 동작 요소에 에너지의 흐름을 조절한다.

예) 접촉기, 방향제어밸브, 커플링

⑤ 작동 요소

작동 요소는 동력을 공급받아 상태를 변경한다.

예) 모터, 실린더

⑥ 동력 요소

동력 요소는 요소, 공구, 제품 혹은 보조 기구의 위치를 변화시키거나 결정한다.

예) 슬라이드, 클램핑 유닛, 인덱싱 기구

⑦ 표시 요소

표시 요소는 상태를 표시한다.

예) 램프, 부저

⑧ 단위 제어

단위 제어는 한 개나 두 개, 혹은 그 이상의 동력 요소로 구성되며 그 안에는 서로 연결된 신호 요소, 제어 요소, 최종 제어 요소, 작동 요소 등으로 구성된다.

예) 드릴 장치, 회전 인덱싱 테이블

⑨ 단위 제어계

단위 제어계는 하나, 그 이상의 단위 제어로 구성되어 있고 제어 장치와 연결되어 있다.

예) 스폿 용접기

⑩ 설비 제어계

제품을 생산하기 위한 서로 연결된 몇 개의 단위 제어계로 구성된다.

■ 제어 설계

① 요소의 상태

- 위치의 상태
  - 예) 슬라이딩 유닛의 전진, 스위칭 위치에서의 방향제어밸브
- 운전 상태
  - 예) 모터의 회전, 펌프의 작동 중지 등이 지시선에 의해 표시

② 유닛의 정상 상태

동력이 공급되지 않은 상태

③ 부품의 정상 상태

정상 상태는 움직이는 부분이 작동하지 않은 상태에서 스프링과 같은 힘에 의해 정해진 위치에 와 있는 상태

④ 초기 위치

동력이 공급되고 부품이 특정 위치에 놓여 있는 상태

⑤ 초기 시작 위치

부품의 작업 공정 시작을 위해 필요한 위치에 있는 상태

초기 위치는 시작의 예비 조건이다.

■ 작업 순서

동력 요소, 기계, 제조 요소의 작업 공정은 스텝으로 구성된다. 밸브나 모터의 변환, 슬라이딩 기구의 시동 및 정지와 같은 상태 변화는 하나의 새로운 스텝으로 구분되고 그 변화에 따라 작동된다.

작업 공정은 스텝 1에서 마지막으로 표시되는 스텝 n 까지 진행된다. 마지막 스텝 n 의 완료 후에 자동적으로 다음 작업 순서가 따라오면 마지막 스텝의 마지막 점은 처음 스텝의 첫 번째 점과 같다. 따라서 1로 표시한다. 예) 대량 생산에서의 연속 작업

단, 사이클의 공정이 수행되고 다음 사이클 작업자의 신호 입력에 의해서 진행되면 마지막 스텝은 0으로 표시한다. 예) 프레스, 소재가 수동으로 삽입되는 경우

■ 부가 조건

① 시동 조건

표준 위치에서 초기 시동 위치로 변화되는 과정

예) 메인 스위치를 작동시키고, 유압원을 작동시키고, 컨베이어 스위치를 on한다.

② 작업 사이클

작업 사이클은 모든 조작 시간을 포함하는 모든 필요한 스텝, 기계, 제조 장치를 포함한다.

③ 단순 스위칭

단순 스위칭에서 작동 요소, 동력 기구, 작업 장치는 예정된 조건에 따른 신호입력으로 수동 조절된다.

④ 비상 정지

비상 정지의 경우에 그 작동 순서는 자동 공정에서 이탈되고, 안전 조건을 만족하며, 위험으로부터 작업자의 장비를 보호하는 것과 같은 예정된 조건에 따라 수행된다.

15.2 시퀀스 제어의 작업 조건

① 시동 조건

기계나 장치가 작업을 하기 위해서는 그 조건이 만족되어야 하며 순서에 따라 스위칭 과정이 이루어져야 한다. 이것을 스위칭 스텝이라고 한다. 이 과정은 각각 선도로 표시되며 다음과 같다.

상태 X0 장치의 초기 위치(동력 공급 없음)
상태 X1 에서 Xn 초기 시동 조건을 만족시키기 위해 단계적인 신호 입력
예) X1 주 스위치의 작동
X2 유압 작동 스위치 작동
X3 컨베이어 벨트 작동
X4 작업 조건 선택 : 자동

동력은 공급되었지만 작동하지 않을 때의 상태를 초기 위치라 한다. X1부터 Xn까지의 스위치가 작동되고 모든 요소가 초기 시동 위치에서 초기 시동 신호에 따라 작업 공정이 시작된다.

② 비상 스위치

비상 정지 기능이 필요한 경우에 그 순서는 기능선도(function diagram)에 표시될 수 있다.

③ 외부 신호 입력

외부의 다른 신호에 의해서 제어 요소나 동력원이 작동되는 경우에 그 신호의 입력 상태가 기능선도에 표시되며 필요한 경우에는 논리 기능과 같은 기호로 표시될 수 있다.

④ 표시 방법

전기 리밋 스위치	S
모터	M
솔레노이드 밸브, 마그넷 스위치	Y
실린더	Z

15.3 일반 전기 시퀀스 제어회로

■ 전기 시퀀스 제어회로 작성법

여기에서는 일반적으로 제어 회로도를 작성할 수 있는 회로 작성법에 대하여 알아본다. 회로 구성을 하기 위해서 드릴 장치를 대상으로 한다. 이 예에서는 4/2-way 편솔레노이드 밸브로 실린더와 피드 유닛이 작동되도록 공압회로를 구성한다. 그리고 각 작업 요소의 전진 위치와 후진 위치에 리밋 스위치를 표시한다.

드릴링을 하기 위한 소재를 지그 안에 수동으로 삽입하고 시동 버튼을 누르면 실린더 A가 전진하여 공작물을 적정 위치로 보낸다. 이 작업이 끝나면 실린더 B가 전진하여 소재를 클램핑 한다. 실린더 B가 클램핑 작업을 완료하면 피드 유닛 C가 작동하여 소재에 드릴 작업을 한다. 드릴 작업이 끝나면 실린더 A가 후진한 후 클램프 실린더 B가 소재를 해제한다.

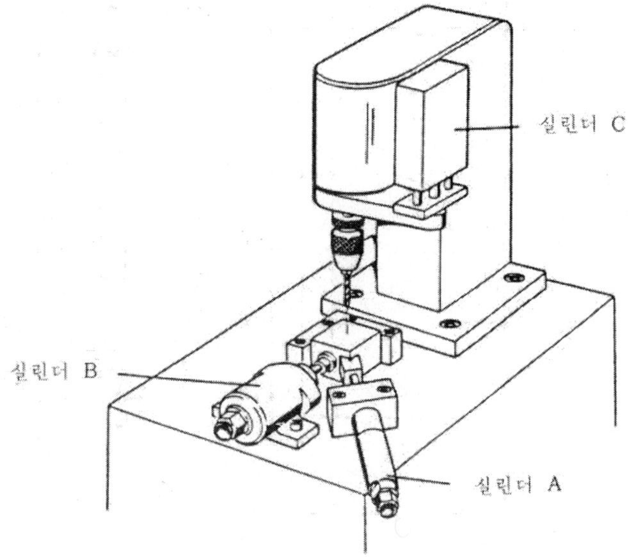

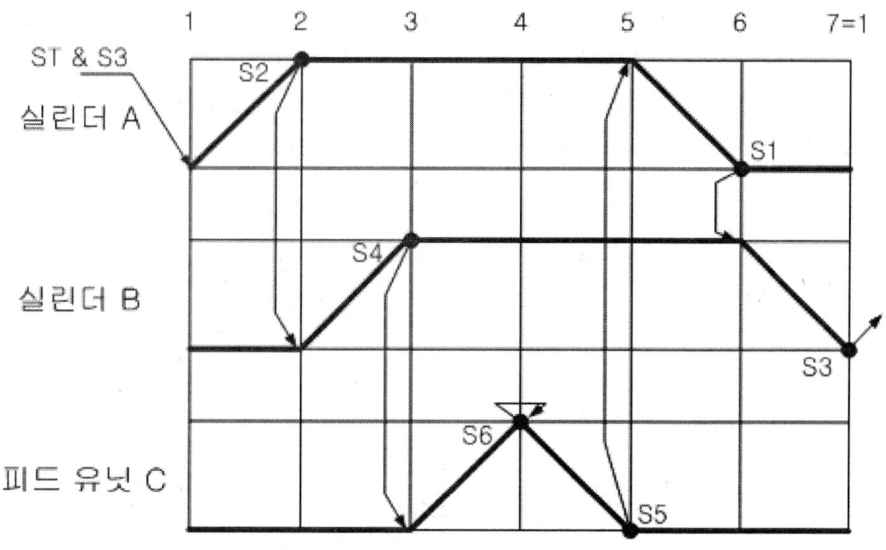

그림 15.2 드릴 장치의 위치도와 변위단계선도

공압 회로도를 그리고 전기 리밋 스위치나 센서의 위치를 표시한다.

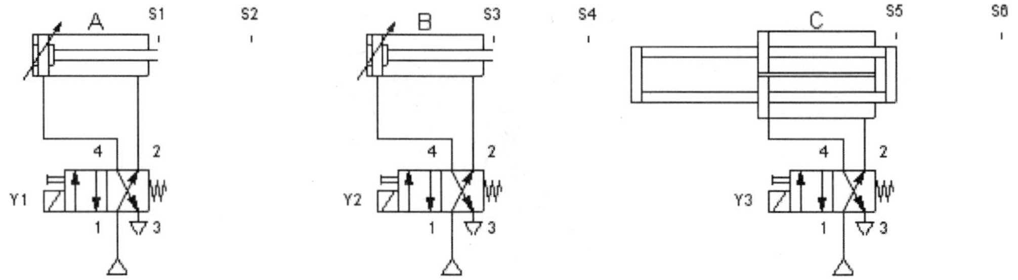

그림 15.3 드릴 장치의 공압 회로도

① 1단계 : A+ 작업

시동 스위치 ST를 작동시키고 마지막 작업이 끝났을 때 리밋 스위치 S3가 눌려있으면 릴레이 K6의 b 접점을 통하여 릴레이 K1을 여자시키고 K1의 a 접점을 통하여 자기유지회로를 구성한다. 주회로에서 릴레이 K1의 a 접점을 통하여 솔레노이드 Y1이 여자되고 밸브의 제어위치가 전환되면서 실린더 A가 전진운동을 하게 된다.

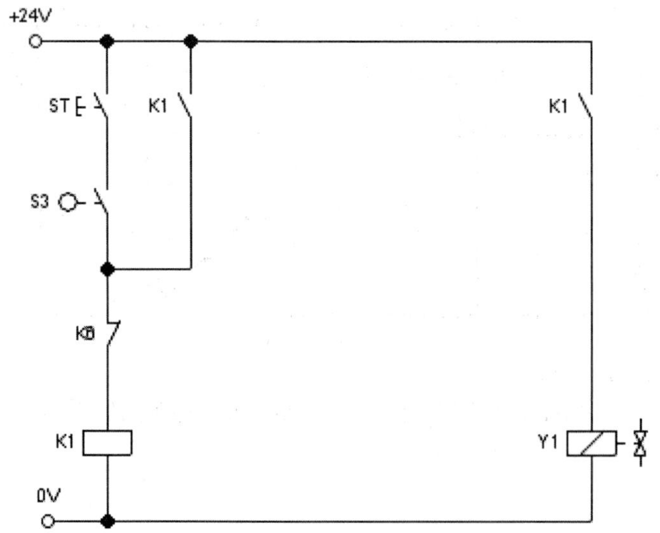

그림 15.4 A+ 작업 제어회로도

② 2단계 : B+ 작업

실린더 A가 전진운동을 완료하여 리밋 스위치 S2를 작동시키면 릴레이 K1의 a 접점은 이미 닫혀 있으므로 릴레이 K2가 여자되고 K2의 a 접점을 통하여 자기유지회로가 구성된다.

주회로에서는 릴레이 K2의 a 접점을 통하여 솔레노이드 코일 Y2가 여자되어 밸브 위치를 전환시키므로 실린더 B가 전진운동을 한다.

제어회로도에서는 릴레이 K1이 릴레이 K2에 의하여 자기유지회로가 해제되지 않는다. 즉, 릴레이들이 계속해서 살아가면서 작업을 하게 된다.

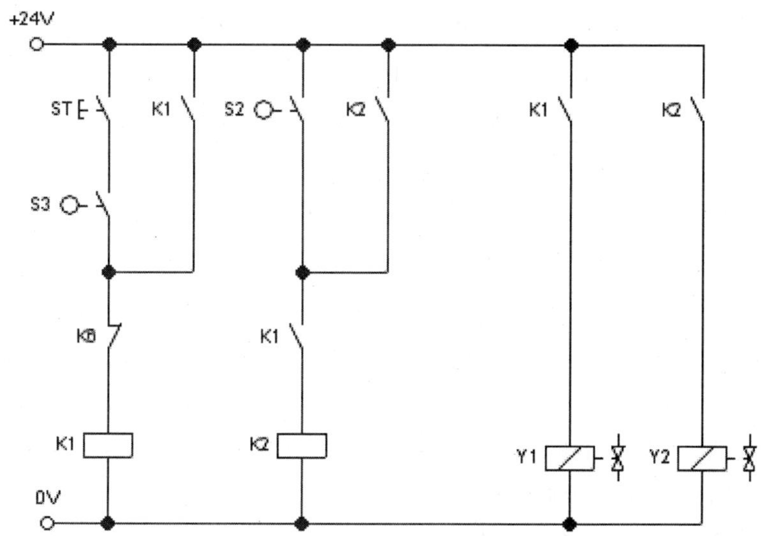

그림 15.5 B+ 작업 제어회로도

③ 3단계 : C+ 작업

실린더 B가 전진운동을 완료하여 리밋 스위치 S4를 작동시키면, 릴레이 K2의 a 접점은 이미 닫혀 있으므로 릴레이 K3가 여자된다.

릴레이 K3에 병렬 연결되어 있는 a 접점을 통하여 자기유지회로가 구성되고, 릴레이 K2의 자기유지회로는 해제되지 않는다.

주회로에서는 K3의 a 접점이 닫혀져 솔레노이드 코일 Y3를 여자시키고 밸브 위치가 전환되면서 피드 유닛 C는 전진운동을 한다.

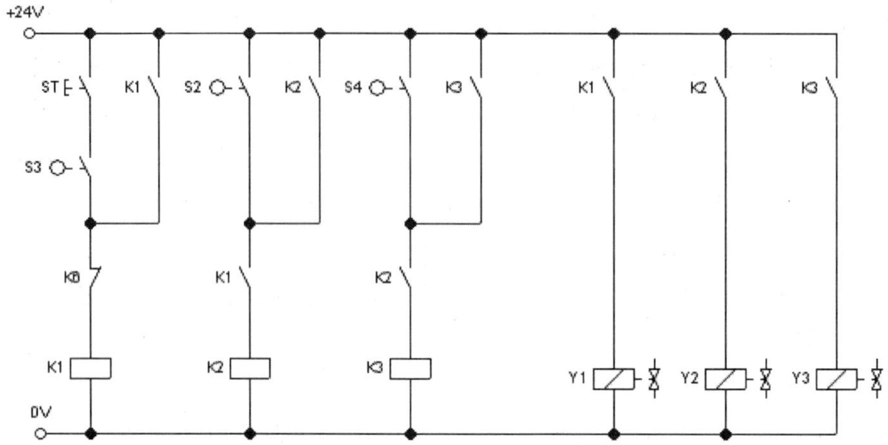

그림 15.6 C+ 작업 제어회로도

④ 4단계 : C- 작업

피드 유닛 C가 전진운동을 완료하여 리밋 스위치 S6를 작동시킨다.

리밋 스위치 S6와 릴레이 K3의 a 접점은 릴레이 K4를 여자시키고 릴레이 K4에 병렬 연결된 a 접점을 통하여 자기유지회로가 구성된다. 릴레이 K4의 역할은 피드 유닛 C를 후진시키는 것이다.

주회로에서 솔레노이드 Y3가 소자되어야 피드 유닛 C가 후진운동을 하게 되므로 K4의 b 접점이 솔레노이드 Y3에 연결된다.

즉, 릴레이 K4가 여자되면 솔레노이드 Y3는 소자된다.

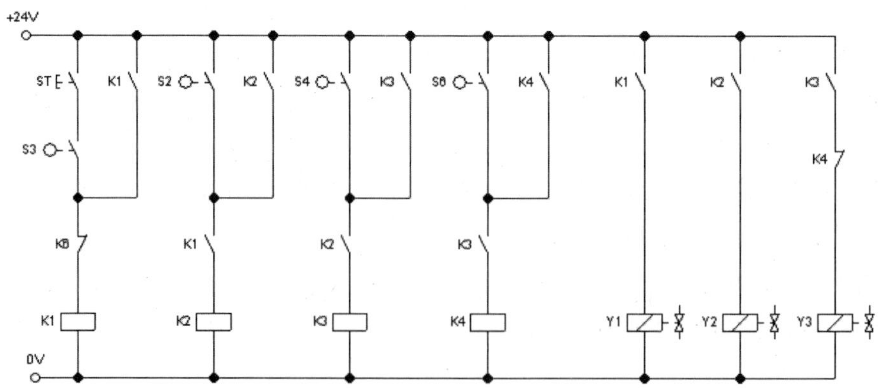

그림 15.7 C- 작업 제어회로도

⑤ 5단계 : A− 작업

피드 유닛 C가 후진운동을 하여 리밋 스위치 S5를 작동시키면, 릴레이 K4의 a 접점은 닫혀 있는 상태이므로 릴레이 K5를 여자시킨다. 릴레이 K5에 병렬 연결된 a 접점을 통하여 자기유지회로가 구성된다.

주회로에서는 솔레노이드 Y1이 소자되어야 하는데, 이는 릴레이 K5의 b 접점을 솔레노이드 Y1에 연결시키면 된다.

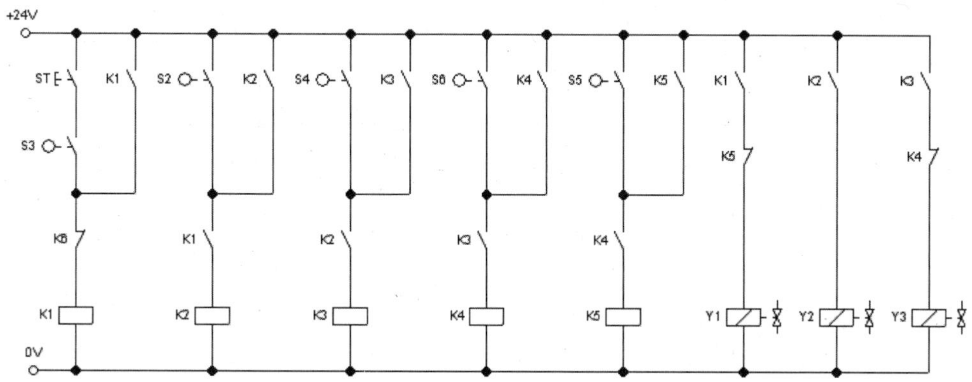

그림 15.8 A− 작업 제어회로도

⑥ 6단계 : B− 작업

실린더 A가 후진운동을 하여 리밋 스위치 S1을 작동시키면 이미 닫혀 있는 릴레이 K5의 a 접점을 통하여 릴레이 K6가 여자된다. 마지막 작업인 실린더 B의 후진운동이 이루어지기 위해서는 제어 시스템을 처음의 초기 상태로 만들면 된다. 이를 위하여 릴레이 K6의 b 접점을 첫 번째 자기유지회로에 연결해 놓으면 릴레이 K1이 소자되고 이는 차례로 다음 릴레이들을 소자시키므로 모든 릴레이들이 소자되어 실린더 B가 후진운동을 하게 된다.

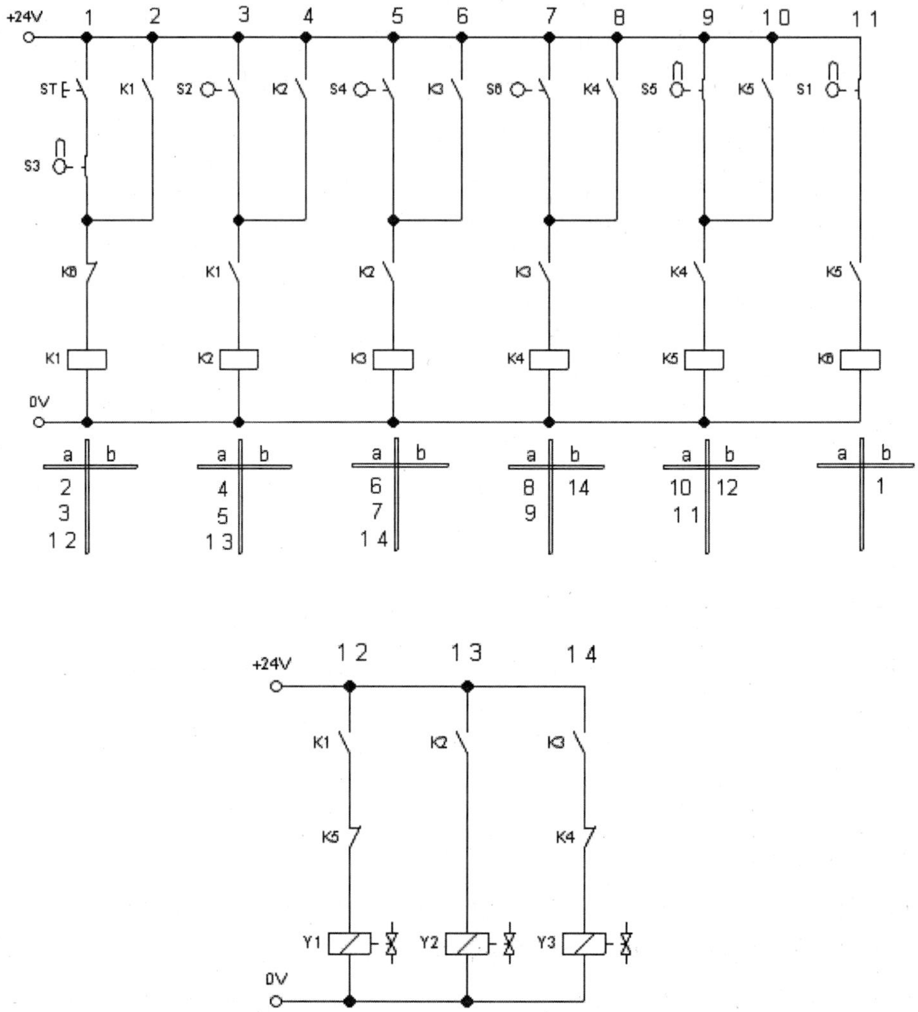

그림 15.9 완성된 제어회로도

■ 전기 시퀀스 제어회로 작성 예 : 핸드 레버 셰이퍼

셰이퍼 위의 나무 프레임에 홈을 가공하려고 한다. 공압 실린더 A로 나무 프레임을 클램핑하고 나면 셰이퍼 테이블을 이송시켜 홈을 가공한다. 셰이퍼 테이블을 이송시키는 데에는 피드 유닛 B가 사용된다. 셰이퍼 테이블이 원위치로 돌아온 후 클램핑을 해제한다.

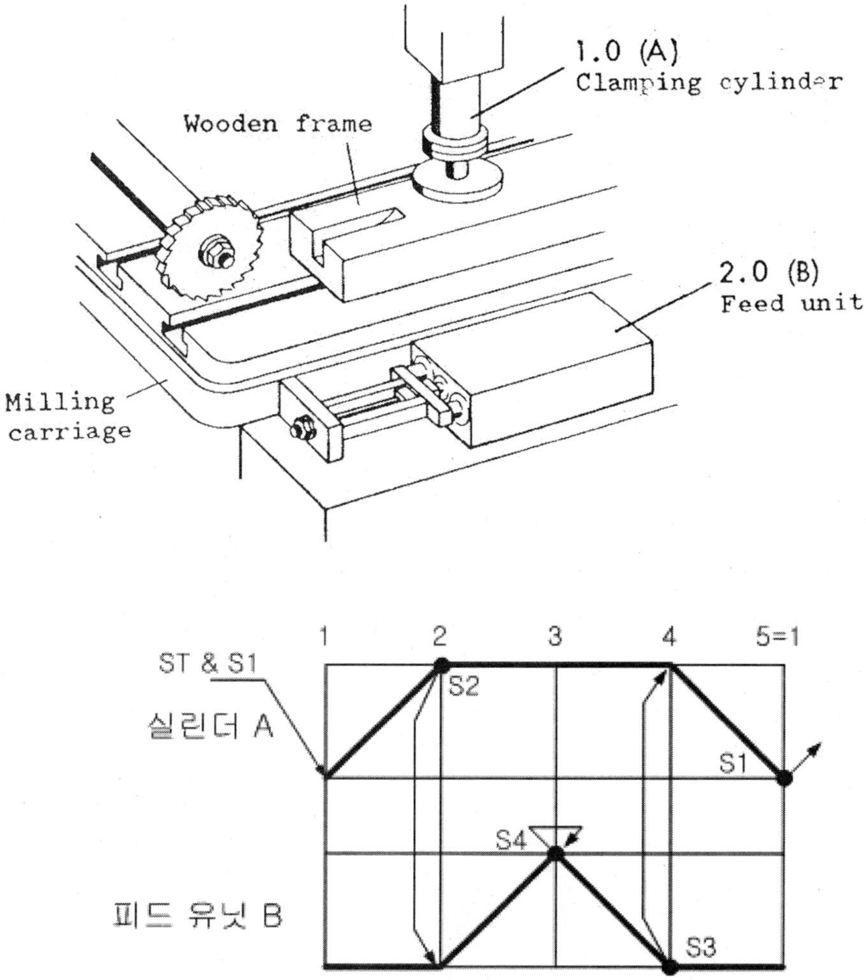

그림 15.10 핸드 레버 셰이퍼와 변위단계선도

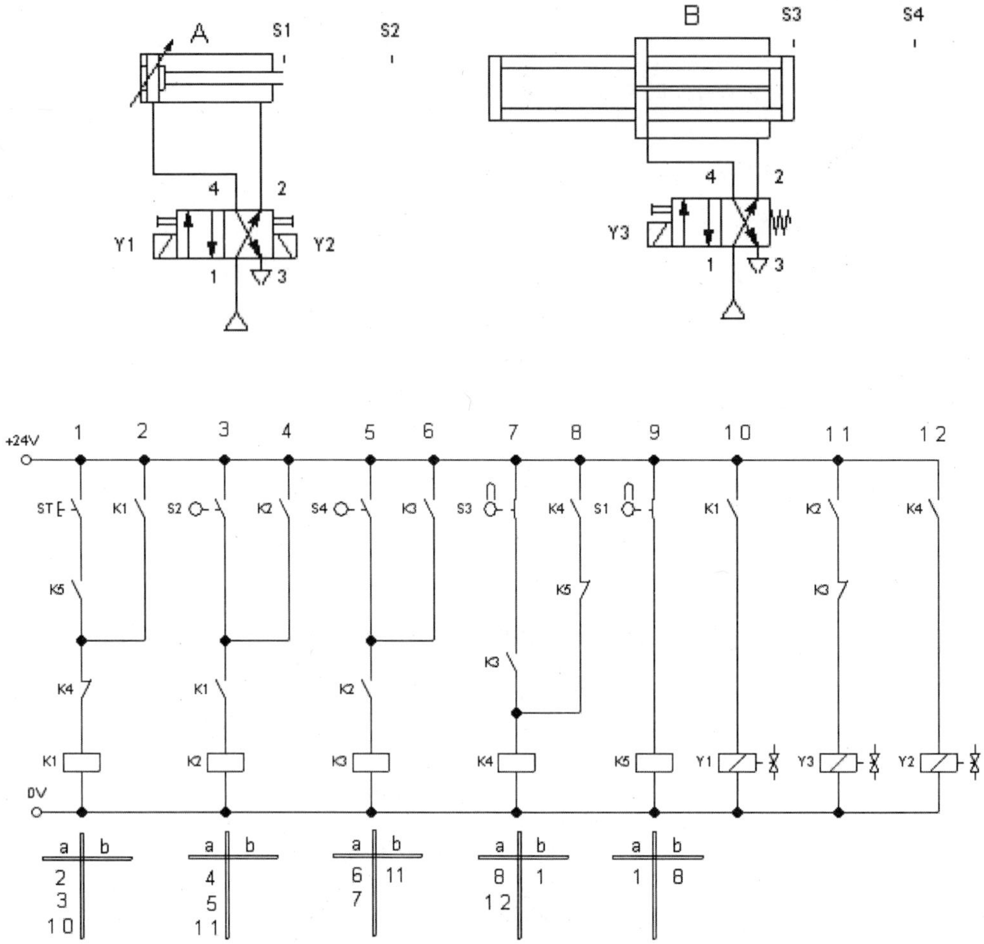

그림 15.11 핸드 레버 셰이퍼의 제어회로도

■ 전기 시퀀스 제어회로 작성 예 : 압입 치공구

원주 부품과 핀을 수동으로 정위치 시킨 후 시동 스위치를 누르면 실린더 A가 천천히 전진 운동과 후진 운동을 하여 원주 부품을 압입한다. 압입을 완전히 하기 위해서 실린더 A가 다시 전진운동하면 실린더 B가 고정 핀을 삽입한다. 실린더 B가 고정 핀을 삽입한 후에는 실린더 A가 원위치 된다.

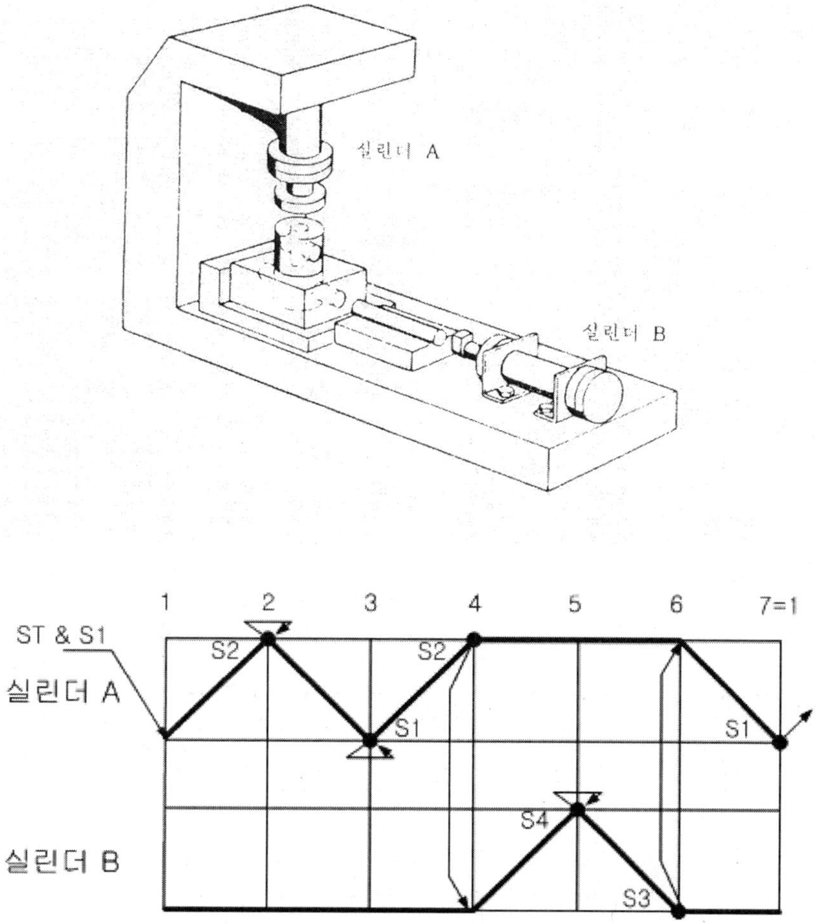

그림 15.12 압입 치공구와 변위단계선도

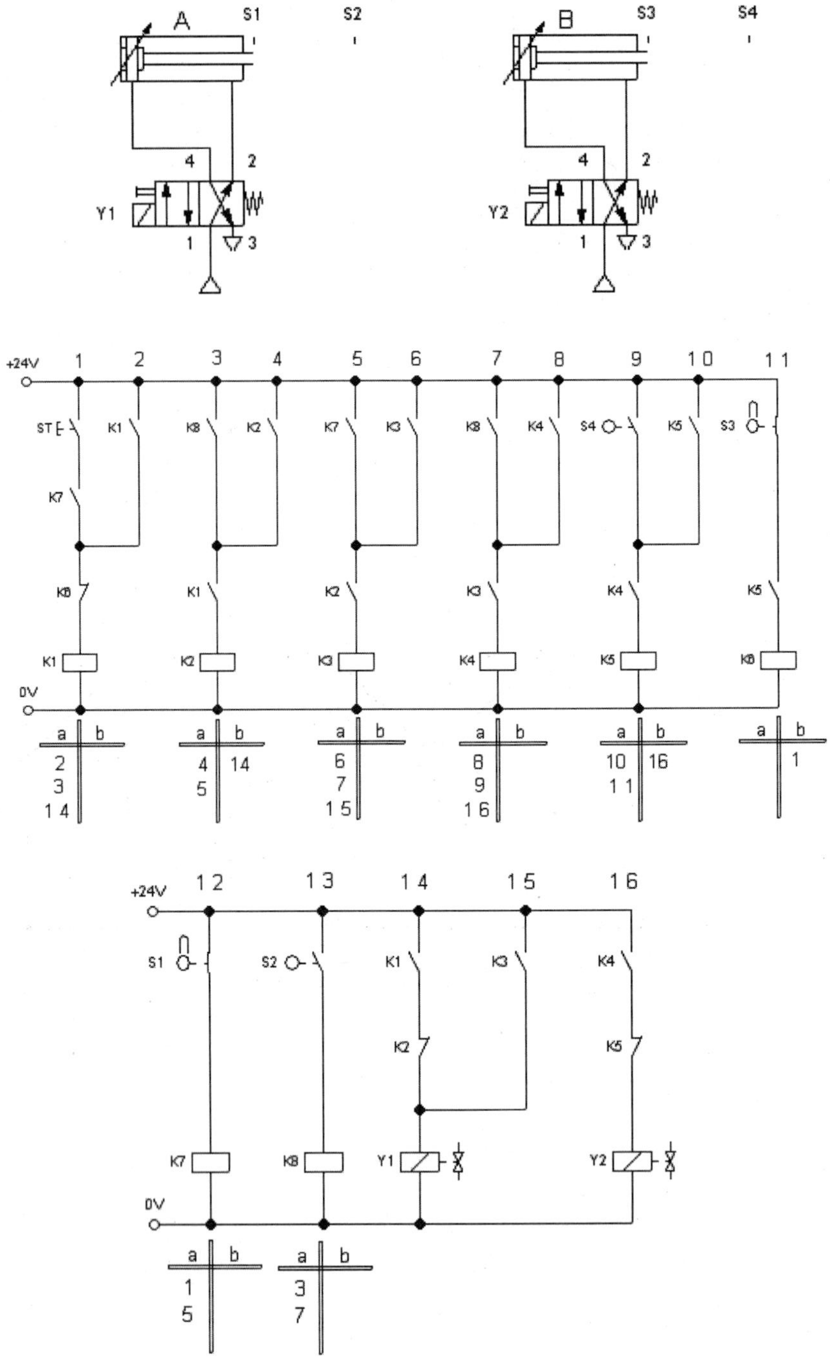

그림 15.13 압입 치공구의 제어회로도

NCS 공기압제어

1판 4쇄 2021년 3월 15일

저 자 신홍열
발행인 송광헌
발행처 복두출판사
주 소 서울특별시 영등포구 경인로82길 3-4
센터플러스 807호 (우) 07371
전 화 02-2164-2580
FAX 02-2164-2584
등 록 1993. 11. 22. 제 10-902 호

정가 : 15,000원
ISBN : 979-11-5906-185-1 93550

한국과학기술출판협회 회원사